孤独而坚定

——写给面料塑型

郭友南 著

中国纺织出版社

内 容 提 要

服装设计系列课程中的材料造型设计、面料二次设计、服装面料再造、服装造型设计等课程，其中内容难免会出现内容上与作业设置上的重复与交叉。本次文字撰写意在以平常物为察思对象作为起点，通过单一面料（主料）进行设计表述，进而在服装品类与格调调研方面进行设计表述延展，最后完成成衣的落地。

面料塑型课程的设计完成了类似课程的思路梳理，通过六个相互关联的课题设置，模拟台阶式的授课模式完成教学任务，使得学生能够在环环相扣、循序渐进的授课模式下，解决察思、面料、裁剪、形态、陌生化、服装规律、设计目的、设计价值等专业核心问题。撰写内容中的作业案例均取自学生阶段性的作业文本，可以通过某个同学衔接有序的作业文本去分享设计过程中尝试、选择。

设计背后的影子很长，里面包含着思想、信仰和价值观。设计无法脱离文化而独立存在，在课堂中对设计的诉求，寄希望营造平实、扎实、务实的设计氛围，为更大范围的设计生态贡献点滴。

图书在版编目（CIP）数据

孤独而坚定：写给面料塑型 / 郭友南著. -- 北京：中国纺织出版社，2017.12（2022.8重印）

ISBN 978-7-5180-4461-0

Ⅰ.①孤… Ⅱ.①郭… Ⅲ.①服装面料—设计 Ⅳ.①TS941.4

中国版本图书馆CIP数据核字（2017）第307289号

责任编辑：宗　静　　特约编辑：曹昌虹
责任校对：楼旭红　　责任印制：何　建

中国纺织出版社出版发行
地址：北京市朝阳区百子湾东里A407号楼　邮政编码：100124
销售电话：010—67004422　传真：010—87155801
http://www.c-textilep.com
E-mail:faxing@c-textilep.com
中国纺织出版社天猫旗舰店
官方微博http://weibo.com/2119887771
天津千鹤文化传播有限公司印刷　各地新华书店经销
2017年12月第1版　2022年8月第2次印刷
开本：889×1194　1/16　印张：7.25
字数：87千字　定价：58.00元

凡购本书，如有缺页、倒页、脱页，由本社图书营销中心调换

作者简介

郭友南（1974.11）河南开封人

1995 年本科毕业于开封大学　服装设计与工艺专业

1997 年任教于绍兴职教中心

2006 年硕士毕业于天津工业大学　服装设计与实践专业

2006 年至今任教于嘉兴学院　设计学院

学习方向：美学、艺术、设计、服装

前言

唤醒兴趣与激发潜能

自20世纪70年代末，我国恢复高考到今天，高等教育经历了扩招、高等教育产业化、"211工程"、"985工程"、高考改革等诸多尝试性变革。高等教育发展到今天，大家应该有目共睹，的确面临诸多问题。作为高校一名普通艺术设计类的专业教师，从自身做起，提升某一专业课程教学质量，是教师当下较为务实的选项。或许也是当下国家高等教育提升的关口。

具体课程操作中，首要的事情就是要贯彻启发式教育方针，把学生作为教学的中心，使学生在学习的整个过程中保持着主动性，主动地提出问题，主动地思考问题，主动地尝试与选择，其核心就是要培养学生独立思考和创新思维，进而独立操作与实施。笔者授课过程中，最大的无奈与痛苦就是无法激发起同学们的好奇心，以及学生面对挑战时，缺乏所应该具备的坚定与斗志。同学们面对困惑、迷茫和挑战时，更多地选择依赖、逃避和放弃。自然，笔者眼界狭小，能力有限。能够在某一课程中解决若干问题，在课程设置中给同学们带来某些难忘的经历和喜悦，通过不断地总结和积累，从而提升课程授课效率与人才培养质量，也是几年来的回顾与总结。毕竟，时代在变，课程与课程内容不得不寻求改变，或许是本次撰写的初衷吧！

还原地位与耕耘范围

服装与服饰设计专业，属于艺术设计与服装工程两个学科兼容性课程体系，在中国发展已经近30年了。该课程体系下渐渐细分出了众多课程：服装设计基础、服装创意设计、服装针织设计、服装配饰设计、服装色彩设计、服装面料二次设计等。

在众多课程交织的课程知识体系中，难免会造成知识点讲解交叉，作业设置重复，学生课程作业变得繁重，如此便失去了课程在专业体系中的应有作用和指导方向。各个院校的专业负责人或多或少也意识到这一现象，从而进行了尝试性的改革：如建立课程群、打通课程壁垒、链接协调课程间的关系等；这些创新改革的尝试均取得了收效和成果。然而，这些创新尝试的方法和案例并不是每个院校专业都可以拿来复制的，课程是由不同老师进行授课，且各个任课老师之间的沟通以及对课程的认知与见地，均会有异同甚至相悖，艺术设计类课程的授课内容与课程质量又没有终极标准或答案。造成上述情况，却又好似是意料之中的事情。还原面料塑型在专业课程体系中的地位，厘清该课程在专业课程体系中耕耘范围与重点，也是本次撰写的初衷。

设计诉求

服装设计系列课程中的材料造型设计、面料二次设计、服装面料再造、服装造型设计等课程，其中内容难免会出现内容上与作业设置上的重复与交叉。本次文字撰写，意在以平常物为察思对象，通过单一面料（主料）进行设计表述，进而通过服装品类与格调，设计调研等方面工作，进行设计表述延展，最后完成成衣设计与制作。

面料塑型课程设置，完成了类似课程的思路梳理，通过六个相互关联的课题设置，模拟台阶式的授课模式完成教学任务，使学生能够在环环相扣、循序渐进的授课模式下，解决察思、面料、裁剪、形态、陌生化、服装规律、设计目的、设计价值等专业核心问题。撰写内容中的作业案例均取自学生阶段性作业文本，可以通过某位同学衔接有序的作业文本，去分享设计过程中的尝试、选择。

设计背后的影子很长，影子里面包含着思想、信仰和价值观。设计无法脱离文化而独立存在，在课堂中对设计的诉求，寄希望营造平实、扎实、务实的设计氛围，为更大范围的设计生态贡献点滴。

孤独而坚定

服装设计的思维与方法林林总总，原初灵感作为设计创作源头的设计方法，得到广泛认可。同学们在设计创作初期的创作热情要得到认可，然而最后落地的作品却不敢恭维。笔者意识到在界定设计的过程和具体操作方法上，存在着解读不清或操作步骤混乱的问题。服装设计创作过程是一个孤独而坚定的旅程，她就像一个没有剧本的电影，在这场经历中，参与者肯定会期待一场无法预设的美丽。

本次撰写课程教材的初衷，就是想营造一个旅程环境和过程，从天马行空的原初灵感回归到客观存在的作品中。

让我们共同开启这场孤独而坚定的旅程。

2017 年 8 月

嘉兴

目录

1 从面料二次设计说起 1

1.1 落实好于抱怨 1
1.2 "不择手段" 1
1.3 褶皱与经典 3
    1.3.1 前辈的积累 3
    1.3.2 我爱褶皱 4
1.4 从灵感元素开始 4
1.5 课题设置的反思和总结 7
    1.5.1 理顺课程 7
    1.5.2 课程目的思考 7
思考与练习 7

2 预调与微调的开始 8

2.1 迭代思维 8
2.2 不要成为"搬运工" 8
2.3 要有见识 10
2.4 面料二次设计 10
2.5 创作进行中 11
2.6 服装的规律 13
2.7 艺术与设计 13
    2.7.1 思维方式区分 13
    2.7.2 教育方式区分 14
    2.7.3 存在意义区分 14
2.8 让面料创作回归到服装中 14
2.9 微调预调后的小结 14
思考与练习 16

3 实践与完善 17

  3.1 精细化耕耘 17
  3.2 聪明和扎实 17
  3.3 预想图的显现 18
  3.4 预想图的升级 19
  3.5 戴着枷锁的舞者 20
  3.6 尝试单一面料创作 21
  3.7 开始你的调研 22
  3.8 为了最后的成衣 23
  3.9 课程小结 24
  思考与练习 24

4 设计旅程的开启 25

  4.1 真诚对待自己 25
  4.2 扎实迈出第一步 25
  4.3 陌生化 28
  4.4 从局部开始 28
  4.5 关于耐看 29
  4.6 平台的再次搭建 31
  4.7 廓型的尝试 32
  思考与练习 37

5 在路上 38

  5.1 观察与思考 38
  5.2 从美术特长生说起 38
  5.3 设计的目的 39
    5.3.1 新形态的价值 39
    5.3.2 唤醒人们的感觉 39
    5.3.3 设计是一种投资行为 40
    5.3.4 行业需要创造性的睿智 40
    5.3.5 陌生化 40
    5.3.6 视觉规律 41
  5.4 旅程的开始——察思 41
    5.4.1 培养兴趣 42
    5.4.2 厘清课程步骤和目标 42
  5.5 在路上——面料的表述 43
  5.6 在路上——品类的表述 49
    5.6.1 面料表述与评判标准 51
    5.6.2 品类表述与评判标准 51
    5.6.3 文本排版为设计而生 52
    5.6.4 有关品类的小结 55
  5.7 在路上——设计调研 56
  5.8 在路上——服装视觉规律表述 59
    5.8.1 案例分析 59
    5.8.2 试图解开服装视觉规律的秘密 105
  5.9 在路上——成衣 105
    5.9.1 成衣 105
    5.9.2 经历是一种收获 105
    5.9.3 成衣落地 105
    5.9.4 成衣落实后的思考 106
  思考与练习 107

后记 108

1 从面料二次设计说起

本课程在2010年作为专业核心课程开始设置,如同可爱的孩子一样不止有一个名字,其最早的名字为《材料造型设计》。在为期三年的授课过程中,课程重点关注的是面料的二次设计。从服装面料风格入手,对服装面料进行分类,然后寻找设计主题,根据主题或灵感在选择面料的基础上进而完成对面料二次设计的工作。现将2011届部分学生的作业展示如下,有图有真相(图1-1)。

(a)

(b)

图1-1 2011届学生面料收集展板

1.1 落实好于抱怨

面料搜集前,我们对面料进行风格分类,如卡通风格、田园风格、民族风格、经典风格、前卫风格、古典风格、休闲风格等。在面料收集的过程中,同学们已经开始使用网购面料了(2012年),这种购买方式很便捷,收集面料的种类也较为齐全。在这个环节的工作中,也反映出很多问题,比如,同学们抱怨没有地方买面料、抱怨没有钱买面料、面料买来干什么用等。而有些同学在别人抱怨的时候已经开始去积极落实了,并且在课堂展示的时候表现出了较好的效果。其实,调研信息和收集资料,其工作本身就是一个人能力的表现。这些基础工作是整个项目进展和提升的支撑,当我们遇到以前没有经历或者不熟悉的领域就会有种种抱怨,这种情况更多的是在浪费自己的时间和破坏自己的情绪,对项目的进展有害无益。当我们将同学们收集的面料汇集在展板上,给大家展示的时候,有些同学才意识到设计项目的前期调研搜集工作的意义。通过这次汇集性的展示,我们将面料风格倾向视觉化地显现出来。

1.2 "不择手段"

在完成第一环节(面料搜集与分类)的工作后,我们开始对面料进行二次设计的尝试。具体的尝试的方法是通过改变面料原来形态的特性,但不破坏面料的基本结构,在外观上给人以有别于"原型"的艺术感受。常用打褶、折叠、抽缩、扎结、扎皱、堆饰、烫压等方法。在这里鼓励同学们尽可能展开自己的想象力来完成这项工作。总体上我们把这一工作概括为"加法"和"减法",以便更好地理解。如图1-2所示,是2011届学生刘芳的作业,这个案例就是我们所说的在原来面料基础上"加法"的尝试和创作。

(a)

(b)

图1-2 服装与服饰设计2011届学生的褶皱"加法"创作

除了"加法"还有所对应的"减法"练习。可以通过图例看出"减法"与"加法"有挺大的区别。在"减法"的操作和实施过程中,有的同学对面料的原本结构进行了破坏,这种破坏也确实产生了陌生化的效果,作为面料二次设计的尝试无可非议。如图1-3所示,服装与服饰设计2011届学生的"减法"尝试与创作。

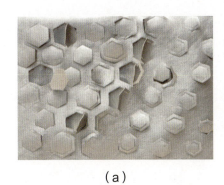 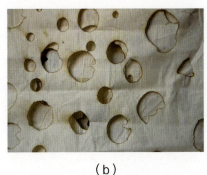 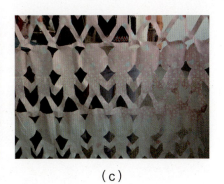

(a) (b) (c)

图 1-3　服装与服饰设计 2011 届学生的 "减法" 创作

正如图 1-3 所示，使用 "减法" 的形式完成。图 1-3（b）通过在白坯布上火烧后增加层次的叠加，从而产生了完全陌生化的效果。图 1-3（c）是将面料叠加后进行裁剪，类似用剪纸方法来完成作业，人形的四方连续可爱有趣。这几个作业，用减法的思路较为开阔而且大胆实践，但是否符合服装规律，还需要商榷。

1.3　褶皱与经典
1.3.1　前辈的积累

提到褶皱，应该要提到三宅一生（Issey Miyake）。三宅，1938 年出生于广岛，1945 年经历了第二次世界大战中的广岛核爆，母亲四年后去世。三宅利用日本 5 世纪时期布料的特殊处理工艺，使服装的外观有非常特别的效果且具有神秘的东方特性。他还创造性地运用了油布、聚酯纤维的针织面料，结合独特的裁剪方式，形成了被世人称为 "第二层皮肤" 的着装特征和风格（图 1-4）。

图 1-4　Issey Miyake

自从 1989 年三宅一生将具有特色褶皱的衣服正式推出与顾客见面的时候起，三宅一生的名字和他衣服上的褶就连在一起了，压褶、抽褶、波浪褶、自然垂褶……

三宅运用褶皱表现他的个性，这也是他设计灵感的原初。在以运用褶皱为设计特色的前辈，法国时装设计师 VIONNET（1876—1975 年）的风格中，三宅找到了属于自己的设计语言并加以发扬光大。从另一个角度，他希望自己设计的服装像人体的第二层皮肤一样舒适服帖，褶能够很好地完成这个任务，它能给穿衣人足够的活动空间，也能给他们充分展示自己体态的机会。三宅一生说："只有你的作品被日常生活接受，设计的价值才会被认可。"在这里，三宅一生很好地解决了东方的服装注重给人留出空间和西方式严谨结构之间协调的问题，在看似完成度不高的服装中，顾客为自己找到了完美的解决方案。所以，三宅一生的褶皱服装是通过顾客的穿着行为，最后完成造型任务的。这就是我们常提起的属于顾客的 "二次设计"。

1.3.2 我爱褶皱

当我们设置这个课题的时候,同学们参与积极性很高。然而,前期没有设计调研和面料选择,拿起面料就做。由于缺乏对面料种类和形态的充分了解和认识,同学的设计理念和灵感的表述能力没有激活。以至于完成的作业表现出来较为平淡,缺乏设计感和形态特色。如图1-5所示为服装与服饰设计2013届学生的作品《我爱褶皱》。

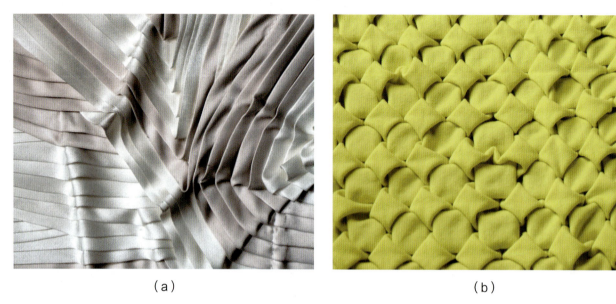

(a)　　　　　　　　　　　　　　(b)

图1-5　服装与服饰设计2013届学生的《我爱褶皱》

作业的结果再次验证了设计制作前调研工作的重要性。设计前,如果没有调研工作,好比你拒绝前人的积累和成绩,设计是一种人文产品,需要文化的滋养,才会有魅力。前人的积累其本身就是人文的组成部分。

1.4　从灵感元素开始

作为"90后"大学生,他们的思想,笔者只能试图去接近和了解。在对待原初灵感的问题上,希望同学们尽量地进行自我沟通,真诚对待自己,从而完成灵感图片的搜集和整理。面对课题设置的题目时,有些学生显得有些迷茫,因为每个人的灵感具有单一性或是类似性,

图1-6　灵感图片——鱼

很少会出现重复。当学生将自己的作业提交时,真可谓是天马行空、不拘一格。如图1-6所示,就是一位学生的灵感图片——鱼。

我们就以2011届学生林施施的作业为例,进行分析罗列。如图1-6所示,作为灵感图片至少要符合以下条件:

(1)图片清晰。
(2)原生态。
(3)物体特征明显。
(4)具有较明显的风格特征。

我们完成前期灵感图片的搜集与挑选,接下来的工作就是选择与之风格相近的面料,进而完成面料的搜集和整理。

接下来,我们通过林施施同学课程作业中不同步骤的各个阶段和大家分享课程《材料造型设计》第一轮中的案例。

Step 1——面料的收集和形态的处理(图1-7)

在这个过程中,包括林施施同学在内的很多同学往往关注的是灵感器物的细节,这是一种常规的思路且容易表现。另外一种思路,就是去把握器物的整体风格,进而通过面料进行表述,这种方式难点在于,器物风格往往较为抽象,不便于把握,通过面料进行风格地表述可能就更加困难。我们先来看看前者的案例吧!很明显,该同学关注的是鱼鳞,也是试图通过面料的形态与色彩,尽可能去接近灵感图片中的"对象"。

(a)

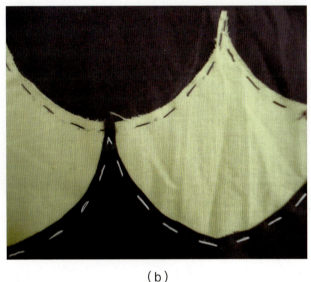
(b)

图1-7 面料收集和形态的处理

Step 2——面料二次设计过程与效果(图1-8)

在这个过程,学生尝试了很多方法,去对面料进行二次改造设计,要选择较为完善的一个样本,作为自己的设计结果进行提交。从而完成课程第一阶段的课题设置——从灵感到面料二次设计。

如图1-8所示,是面料二次设计后的阶段性作业。设计师通过面料与饰品合成完成了对灵感图片的表述,这种表述虽然仅属于林施施,或许显得不够充分。但是,为以后课程开启了一个方向——设计语言的表述,这个方向真的很好,也会延续下去。

(a)

(b)

图1-8 面料二次设计最终结果

1.5 课题设置的反思和总结
1.5.1 理顺课程

2010年，嘉兴学院服装与服饰设计专业设立（从服装设计与工程专业中脱离而来），再到2013年材料造型设计（面料塑型的前身）课程的建立。面料二次设计一直是该课程的主要内容，学生在课堂上的工作步骤：面料的搜集→面料风格倾向分析→"不择手段"→我爱褶皱→灵感元素收集→面料二次设计等。课题的设置重点放置在，从面料外观分析开始，尝试性对面料进行二次改造，最后以灵感元素为依托，完成对面料二次设计的工作。从整个的课题设置看出，面料二次设计成为了《材料造型设计》课程的主干内容。

然而，课程中各个环节的衔接以及之间的联动性，包括最后综合着力点在哪里？这些问题又该如何处理和完善？笔者总在思考。

1.5.2 课程目的思考

面料与服装的关系，好比一个产品与其外包装（质地、色彩等），服装也是通过面料与人体接触，从而完成对人体的包装，而包装的好坏又是设计师与着装者共同创造而完成的。在这一创造过程中，面料的作用至关重要。然而，面料二次设计的成功与否，不在于面料二次设计本身，而在于面料二次设计是否成为服装设计的推手，尝试成为服装设计的主要方法和手段。这是一个系统性工作，也就是说，在原来的课程基础上进行完善，将课程重点从面料二次设计转换到为服装设计助力。将课程的目的"落地"，然而如何"起飞"、"航行"到"着陆"等实际问题，始终摆在课程面前。

思考与练习

1. 你所认为的面料二次设计应该是怎样的？
2. 面料二次设计的目的是什么？
3. 面料二次设计的具体方法有哪些？

2 预调与微调的开始

关于课程的思考始终没有间断。经历首轮授课，面对诸多问题的出现，预调和微调的思绪一直在涌动，通过与学生的互动和交流、与兄弟院校的沟通，自我视野不断地拓展，对课程的调整也应该是水到渠成。

2.1 迭代思维

针对课程的预调和微调源于互联网思维中的"迭代思维"。任何事物经过几次迭代之后都会蜕变成新的事物。迭代原本是数学中的一种计算方法，对新的值进行计算，经过几次反复计算得到最终结果的一种方法。也是用否定之否定的哲学态度，对事物进行不断革新的反复过程，是重复反馈的过程活动，其目的通常是为了逼近所要达到的目标或结果。在迭代思维中有两个字很是重要，一个是"微"字，要从细微入手，贴近专业规律，在学生参与和反馈中逐步改进。另外一个是"快"字，只有快速地对课程做出反应，课程才会很好地为专业服务，才能落实在学生培养环节。

对课程设置的升级（预调与微调）主要表现在：
（1）摒弃最初课题设置中的"不择手段"环节。
（2）扩展灵感元素环节，增设灵感元素风格分析。
（3）将二次设计的面料作用在服装中去。
（4）结课的最终形式以实物服装来呈现。

2.2 不要成为"搬运工"

接下来，我们可以通过2011届郑梢梢同学和2012届莫珍珍同学的课程作业，来评估本次课程微调的效果。

郑梢梢同学的灵感来源于奥地利画家克里姆特（1862—1918）的《吻》（图2-1）。画家出生在一个从事金银雕刻兼铜版工艺的家庭，从小就接触了许多有关传统手工艺和镶嵌画的

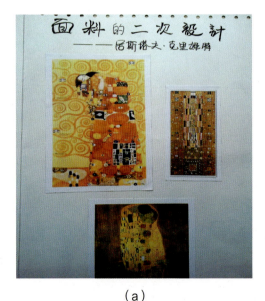

(a)   (b)

图2-1 灵感图片《吻》

知识，画家将传统手工艺和现代艺术完美地结合起来，同时，借鉴日本浮世绘和中国年画的装饰趣味，开创了自己独特的艺术风格。克里姆特在37岁时创建了维也纳分离派（Vienna Secession 1897—1915年），集结了一批前卫的艺术家、建筑家和设计师组合而成的艺术家组织。声称要与传统的美学观决裂、与正统的学院派艺术分道扬镳，故自称分离派。

克里姆特使用了大量金粉用于这幅作品的创作，大家看到的大部分金黄色都是金粉使然，还有背景中的星星点点处也是如此〔图2-1（b）〕，在灯光的映照下，熠熠生辉，营造出强烈的视觉感受。女性形象的服饰及其脚下草地中的花朵，都是鲜艳浓重而脱俗的色彩，不仅增添了画面的色彩冲击力，也营造出画面中人物深情相吻的浪漫氛围。

克里姆特是一位对人生有着独特体会和探索的艺术家，他把生命地诞生、成长、衰老、死亡压缩在自己的艺术作品中，使其作品上升到了一种对人生哲理思考和探索的层面，其绘画艺术的最大特点就是具有浓郁的装饰风格和深刻的思想内涵。

对灵感作品充分解读和鉴赏，有助于同学开展后续的工作，特别是在这次课程调整中增添了提取灵感元素的环节。如果没有对灵感图片反复思考和过滤，很难顺利完成下一阶段的工作。这一环节课程设置的初衷，即希望同学能够对灵感图片进行必要地解读和过滤，形成自己的设计依托。不要成为知识信息的搬运工，要成为知识信息的携带者，使其表述方式具有个体性和现代性。

完成了第一阶段对灵感图片地解读和过滤，我们就开始进入下一个环节的工作，就是对灵感图片进行灵感元素地提取，很多同学在面对这个课题设置的时候有点蒙圈。怎么才能像蜜蜂采蜜一样去提取灵感呢？

如图2-2所示为服装设计2012届毛书铭同学色彩设计课程中的色彩提取作业，作业要求在原生态图片中框出自己喜好的一块，对这一区域进行色彩与形态地提取。与其说是提取，不如说是把握图片风格，对图中某一区域进行陌生化处理的过程。如图2-2所示，案例中下方的图片是提取后的样品，与原图以及框框内容的形态与色彩似曾相识。

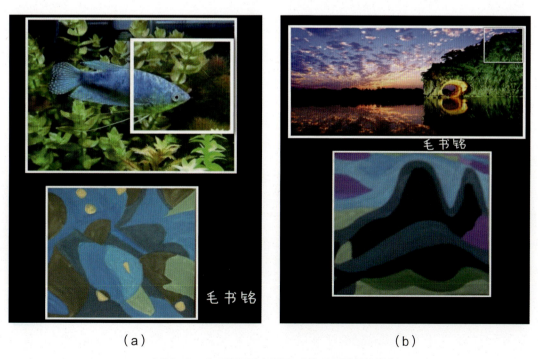

（a） （b）

图2-2 色彩与形态提取（色彩设计课程）

这种处理是仅属于设计师的自我沟通过后地提取，提取过后的形态与色彩肯定源于原图片，但是，经过设计师自我加工、处理、过滤后的色彩形态，不仅赋予了原始图片全新的形态，也为以后的设计提供了新的设计资源。

如图 2-3 所示为郑梢梢同学课程中的第二个作业。作业的形式与第一个作业类同，将自己的思路以图片的形式打印后粘贴在约为 1 平方米的 KT 板上。课题设置的意图是将灵感图片中的主要的风格特征进行提取。风格特征主要包括：形

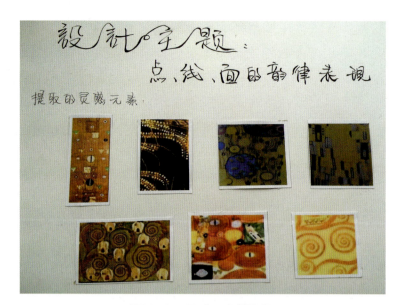

图 2-3　灵感元素的提取

态、色彩、肌理，从这三个方面去拿捏其中的规律和共性。以图 2-3 为例，究其形态来寻找线型圆弧状为主要形态特征；金色，毫无疑问是色彩主要倾向；灵感图片《吻》的肌理特征，具有色彩间的强烈对比，表现也较为丰富。特别是克里姆特使用了孔雀羽毛、螺钿、金银箔片、蜗牛壳的装饰，使得自己的作品极具艺术感染力和视觉冲击力。笔者认为，对灵感图片的元素提取应该从色彩、肌理、形态三个方面入手，最后也应该遵循画面整体风格的主要倾向。以《吻》为例，其主要的风格倾向：东方装饰特色、色彩亮丽（金粉）、浪漫。对灵感图片提取元素，是许多同学面临的难题，如果对自己灵感图片的色彩、形态、肌理缺乏必要的分析，对整体风格不够清晰明了，那么，接下来的工作将无法顺利完成。

2.3　要有见识

有效进行设计元素提取和风格倾向分析，是对自我灵感搜集地解读和过滤。这是一个自我沟通的过程，在这个过程中需要对灵感器物进行分析、识别、辨别，熟悉该器物的社会背景、人文习惯和历史，甚至有关科技的情况；这也是对灵感形象地感受、理解和评判的过程。对这个过程，定义为是一个自我沟通的环节，同学们不可能凭空就有了见识。自我沟通的环节需要时间和积累，也就是说我们需要查阅相关联的信息甚至文献。我们大学校园里除了无线网络，还有图书馆和数据库。这些都是有效资源，如何使用这些资源，使我们变得有见识，这个过程就是一个自我沟通的过程，也是培养自我学习和自我教育的关键。

2.4　面料二次设计

经过微调后的课程设置，虽然都以面料二次设计来命名，但这次的面料二次设计，是有了前期积累而后修改完成的。有了前期对灵感器物元素提取和灵感元素风格倾向的分析，面料二次设计工作自然就显得从容。

仍以郑梢梢同学的作业（图 2-4）为例，基于前期自我沟通环节的调研和积累，其作业具有较强的针对性。课程会给同学们提供一个反复尝试的空间，在一次次尝试后，会出现若干个面料二次改造的样品。在这些实验性的样品中，寻找一个作为阶段性最好的课程作

业。如图2-4所示，该同学将《吻》中的弧状线性，作为面料二次设计的关键点，出现了与《吻》中类似的形态风格。

评判设计的好坏，没有标准或终极答案，只有阶段性的不断优化，或许你刚完成设计工作的瞬间感觉不错，但是几个小时后，就会有再次创作的冲动。

如图2-4是郑梢梢的第一个样品展示，图2-4右下的样品中，我们看到了极具东方装饰风格的纹样，这是对《吻》分析后的结果，在这里要点个赞。

图2-5所示，是郑梢梢同学的第二次面料再造的尝试。在设计说明中作者写道："采用多层叠加的方式，运用珠片绣、叠加式贴布绣、金银线手工针线迹等工艺装饰手段。用黑色牛仔布表现灵感图片中浓重的气韵，底面裁剪留出金黄色纹样。将白色机织布、珠片、金线相结合表现出眼睛的形态，使用金色饰片进行聚散、层层叠加的装饰手法，从而使作品产生较为丰富的层次感，以体现《吻》中的风格倾向和灵感元素特征。"以上文字是该同学在展板上的书写。另外，展板中也标注了色系、面料、辅料、工艺等。作为第二次面料二次设计的尝试，显然要比第一次作业来的成熟，在设计说明中该学生提到了眼睛、层次感、装饰性等关键词，说明该学生对待灵感图片的态度是认真的，对自己的灵感源——《吻》是有见识的。具有独立地解读和过滤能力。课程进入到这个环节，郑梢梢同学的课程作业表现是符合预期和有效的。

图2-4　面料二次设计尝试（一）

图2-5　面料二次设计尝试（二）

2.5　创作进行中

或许是对自己的两次尝试不够满意，或许是找到了新的形态和节奏，在课程时间允许的情况下，郑梢梢同学开始第三次面料二次设计的尝试。这次尝试没有延续上两次的特征（弧状线性、金色、银色、黑色背景等），而是选用全新的风格倾向，更多选用了面料作为主要表现载体，最后一次面料再造的尝试较前两次显得成熟、有效（图2-6）。

此刻，笔者想起了2017年4月6日晚上在嘉兴大剧院星光剧场2013届学生的毕业动态

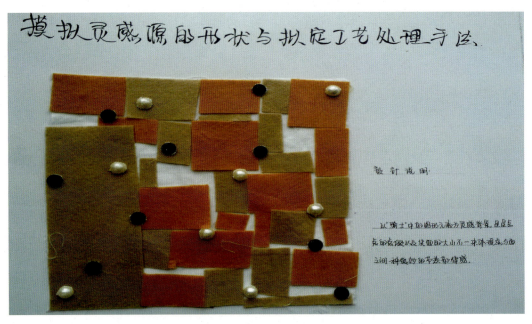

图 2-6　面料二次设计尝试（三）

展演，服装与服饰研究所请到了武学凯等知名业内设计师作为本次活动的评委。在60名同学设计的400余套服装中选出来了优秀奖、三等奖、二等奖、一等奖。其中，一等奖是服饰2015届专升本的同学潘首瑾，设计作品以红、蓝、棕、粉、黑色为主要色系，将鱼、鸟等动物图形作用在服装上，配以包包等配饰。整个设计手法运用娴熟、完整。该同学的设计表现为：简洁、明快、有效（传递信息）、生动、趣味、耐看（有细节），整体表现为设计手法成熟，服装工艺完整。避免了用力过猛或天马行空地出现，这种能力的培养和塑造不可能一蹴而就，需要反复在课程作业或课题中自我沟通得以锤炼。

图2-7、图2-8为潘首瑾同学的设计稿件与走秀图片。

图 2-7　毕业设计稿件

图 2-8 毕业设计走秀图片

我们将话题拉回到郑梢梢同学的第三次创作作品中。该同学在反复研读灵感图片《吻》之后对骑士服饰中星星点点的点缀，以及大小不一的块面相互联动，从而体现出点与面之间一种微妙的节奏韵律。如图2-6所示，设计师通过三种不同色彩的面料以及黑色、金银色亮片之间的装饰，进而展现出了对灵感图片的自我表述。这一次的面料表述是在前两次的积淀下完成的，显得成熟和完善。设计师也开始在遵循"服装的规律"来完成工作。

2.6 服装的规律

笔者一直在课堂中或与同学交流中会经常谈及"服装的规律"。借此机会，对这个特殊词语进行一下个人解读：

（1）服装是对人体的包装。

（2）服装只有与着装人结合，才能体现美感。

（3）多以商品的形式进行展示。

（4）服装设计是一个系统性工作（涉及面料、工艺、结构、着装者、风尚、穿着场景、人体舒适度等诸多环节）。

（5）具有高度应用性与实用性主义。

（6）服装设计必须被日常生活所接收。

解读过程中，笔者用包装、商品、审美、系统、运用五个关键词来概括"服装的规律"。其中"系统"是服装的重要特性，只有当面料、工艺、结构、舒适度、着装者等环节有效重叠显现的时候，服装的审美性才会得以体现。服装的这种审美性特征也在决定着"服装的规律"。在这里笔者想通过"服装的规律"来厘清同学们对服装的基本观点和看法，也许这些理念会影响你对专业的看法和工作方向。

2.7 艺术与设计

作为服装与服饰专业2013的班主任，笔者清楚记得班级里有位很有想法的同学认为服装就是艺术，这种个人对服装理念的理解本身没有对与错，然而作为一名学服装专业的同学对服装概念的思考，应该具有专业性和学术性。

借这个机会有必要和大家聊聊艺术与设计，特别是艺术教育与设计教育之间的区别。

2.7.1 思维方式区分

前者是形态思维为中心，而后者则是以逻辑思维引导形态思维。如果将两者混淆在一起，矛盾和纠结就会没完没了。

2.7.2 教育方式区分

设计教育具有高度应用性和实用主义的教育体系，与单纯理工教育不同。首先，设计教育体系具有随时需要改变的弹性；其次，是能够把实际的设计经验迅速介绍给学生；再次，必须充分利用最新的科学成果，特别是数码技术、高科技面料、新型工艺手法等。

2.7.3 存在意义区分

前者服务于创作者个人和精神层面，后者则服务于大众和市场。

2.8 让面料创作回归到服装中

面料二次设计的最终目的和最后意义应该是服装本身。如果在服装设计的过程中面料二次设计的成果没有得到体现，那么面料二次设计的工作就是为了面料而面料，工作本身和结果没有得到拓展，仅是作为阶段性成果的形式存在。好比你的奋斗目标是一只小鸡，手里却拿一个鸡蛋向别人炫耀。

图2-9 郑梢梢同学尝试的整体设计

鉴此，本次课程的部分微调内容，则放在将面料二次设计的成果回归服装中去。如图2-9所示，郑梢梢同学将自己较为满意的面料创作样品，作用在了整体服装中。按照前面提到服装的规律来评判该同学的作品，从工艺、色彩、结构、廓型、着装者、风尚等环节来评估的话，该作品应该是一个尝试性的样品。该同学试图通过上半身斜向无规律的褶皱和下半身纵向规律褶皱来体现其装饰性，将面料再造的样品作用在服装的腰部来凸显设计点。整个思路与落实，应该值得尊重，然而与原初预想和期望却有较大差离。

2.9 微调预调后的小结

通过新一轮的课程调整，笔者作为课程主持者，与同学分享了每次的尝试与经历，在此罗列点滴收获备以自鉴。

收获一：通过面料风格分析→灵感图片的解读→面料二次设计的创作→创作样品在整体服装的回归等环节的设置，使得课程思路较为顺畅，课程目的也较为明确。

收获二：将以往为面料而面料的二次设计（以往都是围绕着面料做二次设计，做出来的仍是面料），转变为以服装为中心的面料二次设计（与整个服装设计相关联）。使得学生在课程中的工作方向变得明晰。

收获三：课程中若干次面料二次设计的创作和体验变得尤为重要。

收获四：对课程最终的表现形式，转化为服装整体设计的把控，有很大的提升空间。

收获五：如何将灵感图片最终转化在整体服装设计中，这一整体思路变得越发坚定。

个案解析：

以下作业是服装与服饰设计2012届莫珍珍同学的部分课程作业，从灵感到面料再造的过程，如图2-10所示。

图2-10 莫珍珍同学部分作业图片

思考与练习

1. 为什么说设计者必须要有见识?
2. 牢记你所学的本专业不是艺术创作而是设计。
3. 谈谈你对服装规律的理解。
4. 成熟的设计应该是什么样子的?
5. 一件服装的好看与否是由哪些因素决定的?

3 实践与完善

新一轮的课程开始了，材料造型设计也迎来了新面孔。只有课程的自我提升，才能更好地迎合一批又一批新学生。时代在前进，新生的整体素质也在不断提升，倒逼课程必须进行自我更新。经过上一轮的预调与微调，课程在这个时期所要做的就是不断积累，当积累到了一定的量，课程的提升才会水到渠成。

3.1 精细化耕耘

材料造型设计已经进入第三个年头，在前两年的积累中，我们从前期面料二次设计中，为面料而面料，到后来将面料创作尝试回归服装整体设计中，渐渐悟出，只有在课题中每一个环节精细化耕种才会有好的收成。

在第三年的课程微调中，我们删除了面料风格分析这一环节，直接从灵感图片开始且尽可能在图片中找到其主要的风格倾向，要求学生完成灵感图片风格倾向的表述。这一环节的设置有助于同学对灵感图片必须进行思考和洞察，也有利于完成下一阶段的工作。如图3-1所示为服装设计与工程专业2012届同学方琳琳同学的灵感图片，该同学对灵感图片风格表述是：明显的凸凹、生命力、苍劲有力、自然生态。在这个环节，课程要求对风格的表述：首先，将自己的灵感图片进行大体的分类，比如，阳刚和阴柔。厘清了大类别，有助于在此基础上进一步的细分，有助于对服装风格的把控。回到图3-1上来，笔者认为该图片的风格倾向应该是以阳刚为主导的苍劲、有力、牢固。这种风格倾向会决定该同学的面料二次设计样品和最后的成衣，应该回避以阴柔为导向的风格。如果刚开始没有准确分析和把控自己的图片风格，接下来的工作就会变得矛盾重重，难以前行了。

图3-1 方琳琳同学的灵感图片

3.2 聪明和扎实

中国人喜欢用"聪明"来夸奖别人，然而在课题设置的过程中，有些同学惯性使用网络搜索与之相关联的设计作品，这样就可以直接模仿，进而减少设计过程中的诸多环节；有的同学甚至购买现成的服饰品，用来提交作业，企图蒙混过关。笔者感叹万能的互联网和同学的"聪明"，真心希望同学们扎实些。

一步一个脚印，扎扎实实地工作。这种看似拙的思路和行为，其实就是今天我们所提倡的匠人精神。扎实是笔者提倡的一种做事状态，不要祈求什么事情都能够一蹴而就、多快好省、短平快，做任何事情没有反复地锤炼和积淀，是做不好的。2016年"工匠精神"被写进政府工作报告后，成为舆论的热门话题。笔者认为"工匠精神"就是扎实、认真、敬业、追求极致的一种精神、一种推崇和价值导向，需要与之相对应的文化土壤来滋养，也不可能在短时期塑造，需要几代人的文化沉积和社会系统的有效机制。日本从小学到大学都没有优秀学生的评选，职场也没有先进和模范的称号。电视、电影中的聚焦点并不都是成功人士，很多是普普通通的小人物。不仅如此，每个人的身边都有认真、勤劳、追求极致的熟悉身影（图3-2）。这是一个不以炫耀富贵为荣，对成功有多重标准的国度。在这里，认真、勤劳、敬业、追求极致的"扎实"深受尊重，相互影响，形成了日本国家的软实力。我们应该去向这个邻居学习这种扎实精神。

图3-2　小野二郎一生只做寿司

3.3　预想图的显现

在完成灵感图片的研读后，使用面料对灵感图片进行表述成为接下来的主要工作。方琳琳同学在开始使用面料创作之前，自发地画出了预想图。笔者认为这是扎实的表现。通常情况下，很

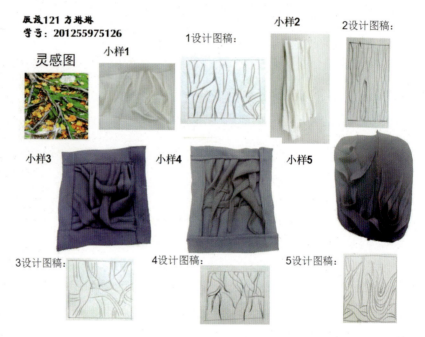

图3-3　方琳琳同学的预想图与面料创作

多同学会在老师指定的范围内完成相应的"规定动作"。也就是在完成老师所指定的基本动作后，很少同学会自发在此基础上做出些"自选动作"。或许，我们的同学从小已经习惯了"填鸭式"的教学方式；也许，初高中的作业量过于繁重，学生对作业有恐惧心理；或许，同学们变得越来越圆滑，不用思考直接按照老师的布置去做就是；有些同学对专业提不起兴趣，缺乏动力，创新更是无从谈起。这正是笔者教学工作中的棘手问题，也是最难面对的事实。当然，方琳琳同学是个例外，她知道课题设置的目的是什么，自己应该做什么，创作出来的应该是什么样子。如图3-3所示，方琳琳同学在创作前绘制了预想图，有助于将创作目的进行可视化控制，在预想图的引导下，面料创作样品表现出了应有的风格倾向，有力且相互交错，三个面料的表述样品是有效的，预想图是一个很好的尝试，值得进行推广。这一过程再次印证了设计的特性，随时可能进行调整。

3.4 预想图的升级

设计教育的一个特性就是将较好的设计方法快速传递给同学，在灵感图片与面料创作之间插入预想图的环节显然是有效的，进而引起同学的效仿，创作质量也确实得到了相应的提高。

如图 3-4 所示，服装设计与工程专业 2012 届于宁宁同学的灵感源——澳洲斑点水母，这是一个极为飘逸、灵动、精致的水生物，风格调性整体偏阴柔。在图 3-5 中，我们看到于宁宁同学在预想图的基础上还画出了大体制作过程。虽然作为图示来讲显得有些粗糙，但是作为预想图的延伸，好比服装设计中的效果图和结构图一样，这是一种典型的逻辑思维导向形态的思维方式。

图 3-4　于宁宁同学的灵感源

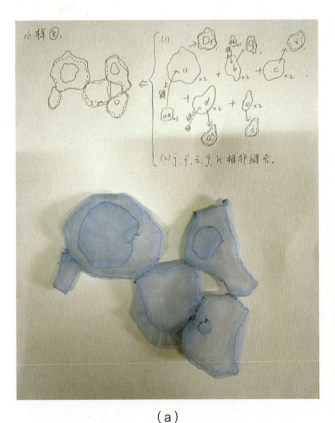

（a）

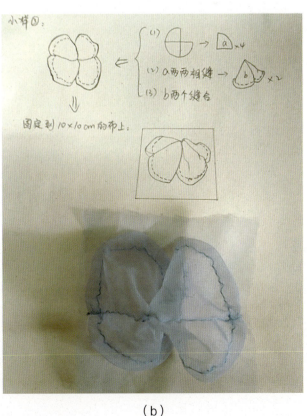

（b）

图 3-5　于宁宁同学课程部分作业

3.5 戴着枷锁的舞者

提到戴镣铐的舞蹈，就要提及闻一多先生（1899—1946年）。先生少年就才华显现，13岁考入清华大学留美预备学校。17岁开始在《清华周刊》上发表系列读书笔记。1922年7月，他赴美国留学，先后在芝加哥美术学院、珂泉科罗拉多大学和纽约艺术学院进行学习，专攻美术且成绩突出。1925年3月在美国留学期间创作《七子之歌》，就是74年后的1999年澳门回归时大家所熟知的歌词。笔者于2008年接触到"戴镣铐的舞蹈"，格律作为诗歌创作的框框或规矩，诗歌创作必须在格律这个范围内，即便有无限情怀，也要在格律的限制范围内去传递情感。否则，就无法形成传达，也就无法成为诗歌。

这一创作规律同样适用于服装设计中的各个环节，特别是服装设计所对应的"服装的规律"好似诗歌创作中所对应的格律。你可以有天马行空的思绪、有能量巨大的激情以及细腻的情感，但是你必须在"服装的规律"框框内去施展。只有戴上了这个枷锁（服装的规律）起舞，至于如何进行演绎，就看你怎么有效利用服装的规律了。

如图3-6所示，是服装与服饰设计2013届学生的设计作品，该设计的亮点是在纸质领片上绘制出鲜艳的纹样，该同学很文艺也很有想法。然而这种对服装的演绎显然没有带上"服装的规律"这一镣铐，所以笔者把她称为"没有戴枷锁的舞者"，或者说是一个狂舞者，很是投入却无章法，可以说是抛开了服装的规律进行服装设计。

图3-6 没有戴枷锁的舞者

3.6 尝试单一面料创作

细心的同学会发现在第三轮课程中,同学们已经开始使用单一面料来完成面料二次设计的创作了。这一调整是笔者"戴枷锁的舞者"思路的使然,在服装规律的条条框框下,利用服装规律来完成面料二次设计的创作。利用单一的面料有助于同学们集中注意力,打消使用不同材质的面料和饰品进行创作。单一面料作为你唯一的"武器"去进行形态上的表述,也是服装规律这个框框的一种尝试。

如图3-7、图3-8所示,为服装设计2012届的两名同学浦玉清和余彦婕根据灵感图片的主要色彩倾向和风格特征完成的面料二次设计的创作样品。作品具有原创性和结构性,通过作业显现,说明这一阶段的提升是显著和有效的,也开始越发接近服装的规律。

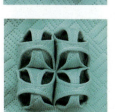

面料小样
浦玉清

图3-7 浦玉清同学的面料设计

服设122 余彦婕

图3-8 余彦婕同学的面料设计

3.7 开始你的调研

设计师就像一只从不停止寻觅的小鸟,总是为设计作品,去寻找和洞察可以作为灵感的来源和与之相关联的事物。所以说,调研活动意味着具有创造性的研究活动。没有充分地调研,就不可能有好的设计,它可以滋养你的想象力,激发你大脑的创造神经。在以前的章节中提到过,面料二次设计的成果,最终还是要回归到服装设计中。

为了提升最后服装设计的品质,强化最后制作成衣的品质把控。笔者增加了一个廓型调研的环节,在这个环节中同学根据自己灵感图片的风格倾向,来调研和采摘与自己风格相近的服装廓型及其内部的结构特征。调研是一个自我沟通和信息沟通的过程,调研的形式是在你发现一个适用的设计主题或概念之后才可以开展的。首先,是自我沟通灵感图片的风格倾向和界定,信息沟通则是对外部信息地罗列和采摘。沟通质量均与个人精力和时间的付出有关,时间和精力地投入,自然会有好的结果。

图3-9为余彦婕同学根据自身灵感图片,进行调研后所搜集的服装廓型图片。如图3-8所示,余同学的灵感图片是太阳神,其风格倾向应该是明亮、金色以及装饰性。遗憾的是,这种风格在余彦婕的服装廓型调研图片中并没有得到充分显现。这种结果,容易造成该同学在后期的成衣制作中迷失方向。

图3-9　余彦婕同学根据灵感图片搜集的服装廓型

3.8 为了最后的成衣

课程最后一个环节是成衣的制作，这是通过三年三轮的课程沉淀和积累的成果展示。我们认为前期的所有工作，其实都是为了最后的成衣制作。也只有你完成了最后成衣的制作，回过头来才会发现和体验自己一路走过来的经历。很多同学走完了整个历程；然而，有些同学走到半路就开始迷失了方向；还有些同学则是被一时的困难所击溃。当然，也有同学主动迎接挑战，渐入佳境。

在成衣制作的环节，很多同学突然间发现无从下手，不知道如何将前期的工作成果转化到服装中。这也是笔者在服装转化之前增设服装廓型调研这一环节的原因，以此来提升最后服装的品质。针对最后成衣的制作，有以下几个要求：

（1）服装风格与灵感源的格调基本保持一致。
（2）通过服装中的结构线、廓型、工艺来对格调进行表述。
（3）面料二次设计的创作成果要作用在服装中去。
（4）把控好门襟、领子、袖克夫、口袋、肩部、袖型等环节的细节处理。

大家应该还记得图 3-1、图 3-3，方琳琳同学的作业过程记录。如图 3-10 所示，是该同学在前期的工作积累过程中，最后以服装的形式进行表述。在表述中，该生将面料二次设计的创作成果，在服装的下摆处得以体现，这种体现逐渐过渡到了上半身。该作品符合我们上面所提及的四点要求，较好地完成了整体作业，设计思路明确，成衣的展现也较有说服

图 3-10 方琳琳同学在课程中的成衣呈现

力。如果说不足，就是下摆的处理有些繁杂，表述得不够清晰。

至此，方琳琳同学完成了课程中的所有环节。通过案例图片，大家应该看到与一年前相比较，课程在不断升级，对学生的培养也在不断地细化与提升。毕竟，课程升级的主要目的是服务于培养目标——学生。

3.9 课程小结

材料造型设计课程持续已经三年，课程的内容和发展方向也在发生着变化。从前期，在面料再造上下工夫，重点是面料的二次设计和面料的风格分析。到后两年，从灵感元素出发，将灵感图片用面料进行表述，在完成面料二次设计后，进而完成成衣的设计和制作。经过三年的沉淀和积累，我们基本厘清了课程思路和目的，就是使用面料对设计灵感进行表述，将这种尝试性的表述成果，作用到服装中去。

在这一思路和目的的指引下，课程的工作环节应该设置得更加细致，衔接得更加紧密。特别是教师在各个环节与学生的对接过程，将会直接影响到学生的工作方向与质量。这将成为新一轮课程迭代思维的关键词：极致、紧密、对接。

思考与练习

1. 你认为的有价值的东西是怎样的？如何去衡量价值？
2. 用单一面料进行面料表述。
3. 设计调研需要做哪些工作？

4 设计旅程的开启

4.1 真诚对待自己

艺术设计作为人文学科的分支,其魅力与自然学科截然不同,前者的魅力在于提出问题,后者在于解决问题;前者关注的应该是什么样子,后者研究的是什么样子。如同人类大脑的左右半脑,一边是负责逻辑分析、抽象思维、复杂运算,像个科学家;另一边则像一个艺术家,长于非语言的形象思维,对音乐、绘画、跳舞等艺术活动有超常的感悟力,空间想象力强,虽不善言辞,但充满激情与创造力,感情丰富、幽默、有人情味。

我们来举个例子吧。大家都知道荷兰画家梵·高的故事,我们试用真诚、孤独、寡言、坚定、激情、困苦、艰难等词语来形容这位天才,缘于他一生中的几个片段:经历三段情感均告失败;28岁才开始学习绘画,至36岁自杀,一直坚持绘画创作;生前几乎没有卖出一幅作品;由于精神问题长期在医院度过,却从未间断自己的创作。前不久,笔者看到其作品——《盛开的杏树》,深深被感动。这幅1890年的作品是梵·高送给自己弟弟的儿子受洗礼的礼物,却表现出了这位激情、暴躁、易怒的天才画家一种不可思议的坚定与平静以及对生命的热爱,这就是生命的品质和精神,艺术的目的不是艺术本身,而是让人的心灵得以净化。

对于设计诠释林林总总,笔者不作赘述。仅谈谈笔者对于设计的个人理解:

(1)设计应该是一个投资行为。
(2)设计必须有市场价值。
(3)设计能够且必须被日常生活所接受。
(4)设计思维是逻辑思维导向形态思维的思维方式。
(5)设计是一个戴着镣铐的舞者。
(6)设计的完成以落地为准。

作为服装与服饰专业,面对的是应用型的人才培养。同时,要遵守时尚和服装的规律。好的东西,就在那里。就像我们刚才看到的《盛开的杏树》,为什么不把你认为好的东西运用到你的专业里来呢?好的东西或者美的东西自然是千变万化、千姿百态,但是你要去选择或者去寻找一个自己为之感动的东西,我想这就是真诚对待自己,不要随大流,要有自己独特的表述能力,要通过自己专业(服装与服饰设计)的角度去表述。这或许就是我们专业课程主要的培养目标吧。

图4-1 盛开的杏树

4.2 扎实迈出第一步

课程的开始也是一次设计之旅地开启。这个旅程的第一步,就是灵感源寻找和灵感元素的调研。第一个环节的关键在于真诚对待自己、真正感动自己,自己确定为之心动的事物或情绪或人物,也只有自己有兴趣、为之感动、真正在乎的东西,你才会为之投入精力,这就是真诚对待自己的缘由。这次调研不能脱离自我感受,且有可视性的东西进行表述。同学们第一步所呈现的东西种类很丰富，为了更好地把控，在第一环节，同学能够更好地梳理灵感元素的格调，笔者要求在图片表述的时候增加自我解读，如：怎么好？好在哪里？等等，以期同学能够增加理性分析。

自己的灵感元素。

如图示 4-2、图 4-3 所示，分别是服装与服饰设计 2014 届同学的第一环节的作业呈现，可以看出两个同学的灵感源有很大的区别，也代表了同学中的两大类。一类是较为抽象的形态；另一类则是较为具象的一面。先以"鹤"为例吧。周晓敏同学在研读时提到：伸展性强、体态优雅、孤傲清冷、灵动飘逸、脱俗稀少。这些词语好看好听，然而用面料进行表述，特别是使用单一面料进行表述时，困难就来了。但凡涉及神韵、韵味、韵律、气韵等"飘逸"的风格确实很难使用面料进行表述。该同学经过大量制作尝试，仍然一筹莫展，纠结与挣扎相伴。

图 4-2　周晓敏同学的灵感源

图 4-3　李木子同学的灵感源

在与笔者对接时，笔者突然想起了有一种烟草的品牌——白沙（图 4-5）。或许可以为她提供些思路。如图 4-4 所示，周晓敏同学在参考"白沙"后完成的小样表述，较以前的样品有了很大的提升。通过这个案例告诉大家，当选定了自己的灵感元素后，可以参照这些元素的"使用痕迹"。这些"使用痕迹"不一定在服饰。

所谓使用痕迹就是同样的灵感元素，在其他设计师（非服装）那里的表述形式，在这里鼓励选择非服饰设计的表述形式，而设计师也尽可能采摘一线或顶级设计师的作品，同时，要尽可能多去采摘，这样对下一步的工作有益。如图 4-5 所示，就是仙鹤在香烟包装上设计，也是仙鹤在平面设计中的使用痕迹。

接下来，我们分享一下李木子同学的小样表现。

图 4-4　周晓敏同学小样表现

大家应该记得图4-3的甜甜圈吧,这种形态显然要比仙鹤来得具体明了,要求不仅要把控甜甜圈的整体风格,也要关注其细节形态,也只有这样才能很好地对灵感图片进行有效表述。经过反复的实践和尝试,达到了较好的面料二次创作的样品。如图4-6所示,李木子同学共制作了10个面料小样,显得有趣、轻松。其中的有趣,就是对灵感图片进行陌生化的过程。

图4-5 仙鹤在香烟上的"使用痕迹"

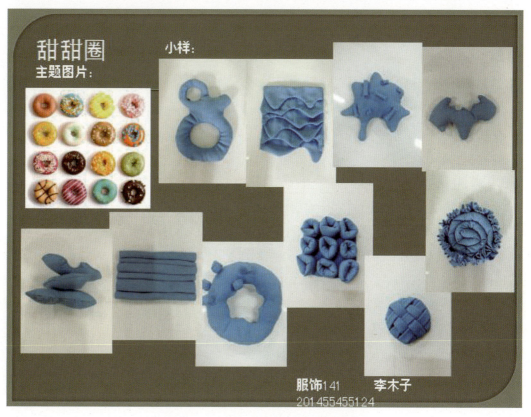

图4-6 李木子同学对灵感的表述

4.3 陌生化

谈及陌生化的过程或者进行陌生化的处理，这是设计工作中极为重要的手段和工作内容。陌生化理论源于艺术创作，是俄国形式主义的核心概念。俄国文艺理论家维克多·鲍里索维奇·什克洛夫斯基认为，所谓"陌生化"，实质在于不断更新我们对人生、事物和世界的陈旧感觉，把人们从狭隘的个人理念和思维定式束缚中解放出来，摆脱习以为常的惯常化地制约，不再采用自动化、机械化的方式，而是采用创造性的独特方式，使人们面对熟视无睹的事物，也能有新的发现和表述，从而感受到对象事物的异乎寻常以及非同一般。

在设计范畴中，陌生化手段案例比比皆是，众所周知的北京2008奥运会体育场馆——鸟巢、水立方，2010年世博会中的中国馆（榫卯结构中的斗拱），工业设计中大众旗下的"甲壳虫"汽车，丹麦设计师Arne Jacobsen（雅各布森）设计的蚂蚁椅、蛋椅（Egg Chair）等，平面设计中案例在此就不再赘述。这是一种逻辑思维导向形态地创新工作，以一种全新的形态呈现给大家。使大家感觉有点熟悉又有点新奇，同时又有点陌生。这种设计很高级，希望大家多多思考下。服装设计中的陌生化处理，在该课程中进行了广泛地尝试和运用，在课程的进程中，我们会反复给大家提供案例。

在面料二次设计创作的过程中，我们反复强调"有趣"。就是将灵感元素陌生化，有点像又有点不像，似是而非、似非而是，对灵感元素进行重新定义和形态上创新，并将这些成果转化到服装中去。如图4-7所示，服装与服饰设计2014届同学朱丽丽运用面料进行表述，这一表述其本身就是针对植物叶脉陌生化的过程。也确实做到了有点像也有点不像，简单而有趣。

图4-7 朱丽丽同学的面料表述

4.4 从局部开始

鉴于前几轮的课程情况，同学直接将自己的面料创作成果转化在服装中，或许有些仓促。可以在两者之间建立一个过渡性的平台，在这个平台上同学们能够更好地过渡到成衣。以实现面料创作成果的局部转化，笔者在选择服装局部的时候想到了典型的服装局部，比如，衬衣领、大衣口袋、衬衣袖口、衬衣口袋、牛仔裤口袋等。我们暂时把这些典型服装局部叫作品类，当同学完成面料创作之后，通过制作品类，将面料创作成果进行转化，这种转化形式，作为一种尝试性地设计，可以看作是成衣制作之前的阶段性成果之一。

如图4-8、图4-9所示，同学以口袋作为品类基调完成面料创作小样在服装局部地转化。其实，当面料创作小样在品类上进行转化的时候，同学对自己原初的面料小样和品类的形态均会出现二次设计，使得品类的设计和制作，沿袭灵感图片的格调风格。同时，又要将面料小样的创作成果得以显现。笔者认为这是自面料小样创作后的又一次陌生化处理，这种陌生化处理的过程也是在"品类"这个框框里完成的。特别是图4-8，朱丽丽同学的品类廓型也随之发生了变化，此类设计表述是有效的，有趣且耐看。

如图4-9所示是李木子同学的品类小样，第一和第二个品类是在设定的廓型中完成，右下角的品类小样则突破了廓型的限制，选择了圆形的形态，加入自己前期面料创作小样成果，显得有趣、耐看。

4.5 关于耐看

耐看，在这里是指面料创作小样，与之而来的品类小样，在形态、工艺、结构等方面表现较为均匀得当，经得起反复观看。很多同学，在面料创作小样的过程中，对面料地破坏性比较大，裸露出来了毛边或者是通过堆积来完成塑型，这些手法做出来的样品，虽然在形态上可以接受，但绝不是耐看。在对待面料塑型的环节，同学们必须要遵循服装的规律，虽然是小样和局部，也不得马虎，忽略这一

图4-8 朱丽丽同学品类的制作

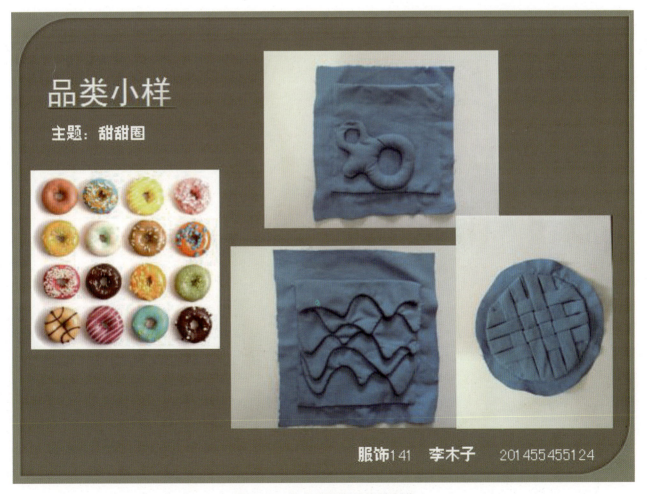

图4-9 李木子同学品类的制作

规律，特别是要将面料小样和品类做"干净"。再者，就是要有细节，细节要做的细腻、巧妙、完整，否则也不会耐看了。

如图4-10所示，是服装与服饰设计2015届专升本吕依婷同学的品类制作。该同学的灵感元素是书籍，该生抓住了书籍层层叠叠的形态要素，进行了领子地转换，从前、后、侧面的图片可以看出，该品类地制作很规整、干净，符合服装的规律。

如图4-11所示，是服装与服饰设计2015届专升本潘首妗同学的品类制作。该生通过四个不同形态的领型完成了灵感元素在品类上的转换。通过对鱼鳞在服装品类地表述，找到了阶段性较好的解决方式，也完成了灵感图片的陌生化处理。这种设计过程中的解决方式不可能一蹴而就，而是反复尝试和选择的过程。其中充满困惑、纠结和付出，也有喜悦。

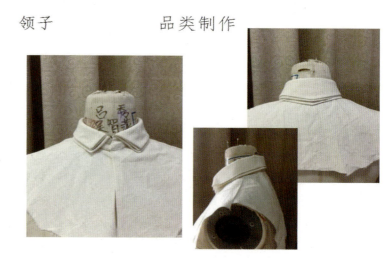

图4-10　吕依婷同学的品类制作——领子

图4-11　潘首妗同学的品类制作

4.6 平台的再次搭建

制作服装品类，试图为面料创作小样和成衣之间搭建一个平台，便于同学进行平稳地过渡。通过课程作业结果来看，这个课题设置是有效的。有了前期尝试，笔者再次尝试服装品类与成衣之间平台的搭建，形成阶梯式的课题设置，使之环环相扣、步步为营。其终极目的还是为了最后成衣的品质，以及课程过程中，同学完成设计工作的可操作性。我们暂时把这一平台叫作：廓型的调研与尝试。

在这个平台上由两块内容组合而成。一块是服装廓型的调研，以灵感图片为基调，去罗列和采摘与之相关联的廓型、结构以及分割线的分布与设计。调研的范围不做限制，在调研中进行有效采摘，作为下一阶段设计创作的资料参照。

如图4-12所示，是服装与服饰设计2014届同学胡安然同学的部分作业，由灵感元素——蝉，入手进行的廓型、结构、分割线调研图片。通过对这些调研图片的采摘，图片中的分割线和线条所组合成的层次感、镂空效果以及线条的有序堆积成为设计借鉴的主要对象。这些工作有助于设计师完成余下的设计工作——廓型的尝试。

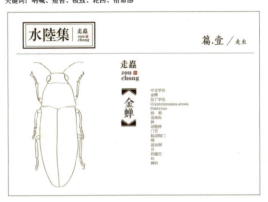

（a）灵感元素

（b）

（c）

（d）

（e）

（f）

图4-12　胡安然同学的灵感图片及其调研图片

4.7 廓型的尝试

服装廓型设计尝试是成衣制作前最后一项工作。廓型设计一定要回归灵感图片，以灵感特征基调来考量服装的廓型。在这个设计尝试中，要关注服装的肩部、袖型、下摆、门襟等部位的形态与灵感元素的关联性。同时，脱离小样制作与品类制作的局限性，将廓型特征还原到你的原初图片中去。从原初图片出发去把握服装整体的廓型特征，从而完成服装廓型的制作。

课程过程案例的分享：

如图 4-13 所示，服装与服饰设计 2014 届胡媚同学的灵感图片表述，在表述的文字中，我们看到了坚固、不规则、表面凹凸不平、条纹、亮丽、多样、活跃感等。与很多同学一样，第一阶段的工作完成的比较顺利和有效。然而进入第二个阶段（用面料来完成灵感表述）的时候，同学们都会遇到大大小小的困难。

胡媚同学的面料小样表述同样也不顺利，在这里我们已经明确，将所使用的面料是常规面料或者是主要面料简称主料。说起主料会让人想起烹饪时候的菜品。比如，酸菜鱼，其中的主料是顺滑的鱼片；北京炸酱面，其中主料是筋斗的面条；牛肉芝士饭，其中主料则是米饭。服装设计也是这样，虽然服装呈现的形式是千姿百态、千变万化，其中的主料是面料，而这种面料是较为常规的主料。服装常规面料，大体以机织类和针织类来区分，棉系列面料、复合面料、混纺面料、棉麻面料等属于前者；针织面料则多用于T恤，如丝光棉针织面料、棉印花针织面料、黏胶纤维、天丝、莫代尔等。随着科技时代的到来，非织造面料以及高科技面料，也会逐渐走进日常生活，成为"主料"。

图 4-13 胡媚同学的灵感表述

如图 4-14 所示，为胡媚同学三个阶段的面料表述。

感受：
制作的小样整体都太过平面化，立体感不够强；不够坚实 没能够体现出所选主题的特征；想要突出造型，但表达不够清楚，不够好；制作小样时不够仔细，没有把毛边处理好。

（a）

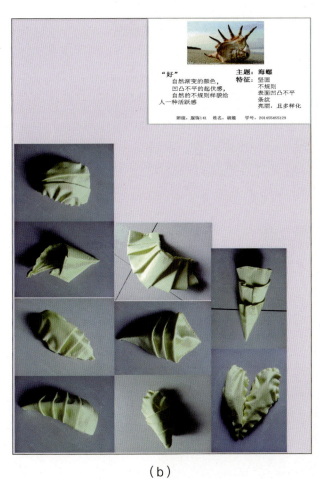

（b）

（c）

图 4-14　胡媚同学的三次面料表述作业

如图4-15所示，是胡媚同学的服装品类的设计，这是在大量小样创作之后的设计转化与升级。笔者认为这是有效设计，同时，符合服装的规律。

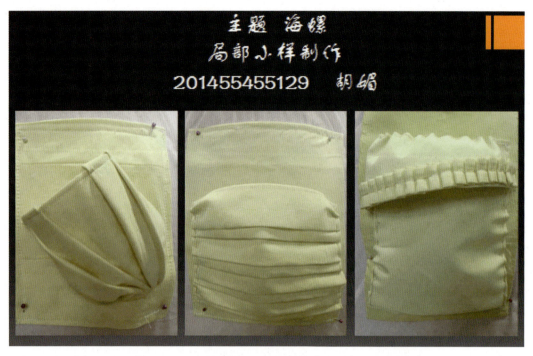

图4-15　小样创作在服装品类（口袋）上表述

如图4-16所示，胡媚同学使用服装廓型，来表述自己对灵感图片的理解。通过四次不间断地选择、尝试、提升，该同学也经历了一个自我不断提升和设计升级的过程。这是一次纠结、痛苦、喜悦的经历——痛并快乐着。痛就是前期工作的积累过程。快乐就是看到自己的灵感在服装上得以显现时的成就感。

好的设计，应该是一种有趣、轻松、简单和耐看的视觉体验。

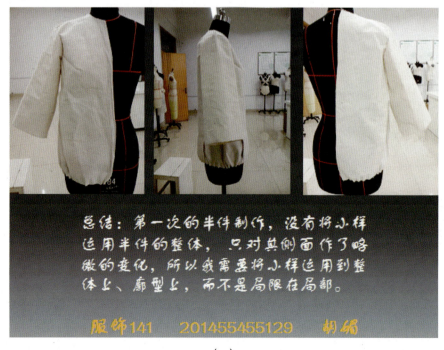

(a)

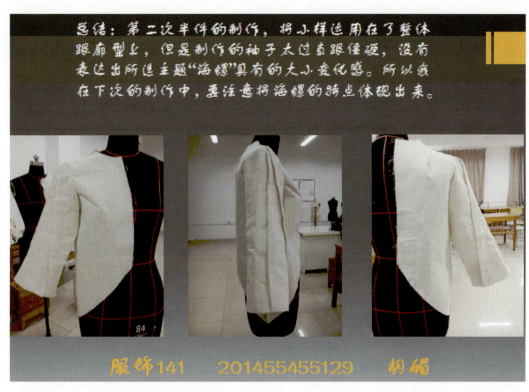

(b)

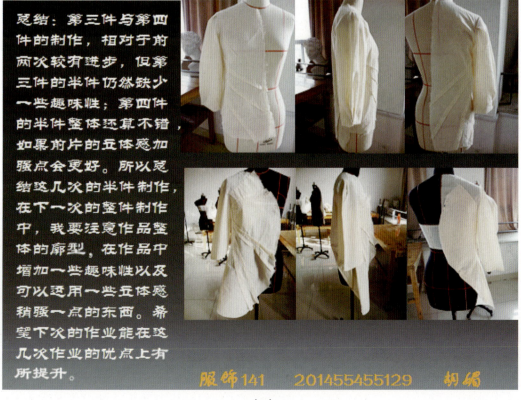

(c)

图 4-16　服装廓型表述尝试

如图 4-17 所示，为胡媚同学在廓型制作前所做的调研工作。

图 4-17　廓型调研图片采摘

如图4-18所示，胡媚同学课程设计工作告一段落。这是一个真实的设计经历，希望每个同学都要有这个经历，整个设计经历充满纠结、孤独、选择、惊喜，只要你坚定前行，不要放弃，会收获到意想不到的美丽。

由于课时限制，我们只能选择阶段性的最佳，或许每个阶段（面料表述、品类表述、调研、廓型表述、成衣落地）会有更好的表述，或许作品显得过于幼稚，或许离合格的服装设计师还有很大差距，但我们始终会坚定前行。

图4-18　最后成衣的落实

思考与练习

1. 你所认为的设计应该是怎样的？
2. 观察一个平常物并思考它的特别之处。
3. 设计为什么要陌生化？怎样的设计是陌生化？举例说明。
4. 在本课程中，服装品类、局部、廓型设计的尝试有规律吗？

5 在路上

随着课程轮次不断增加,对学生不断了解以及教学过程中出现的问题不断显现。笔者在不断思考和努力省悟。首先,觉察到很多学生在对待设计的认识上,存在着误区,这种理念上的偏颇,直接影响设计思维,间接决定了最后的设计作品。这种理念上的误区,甚至在毕业设计的环节还有出现。鉴此,笔者有必要再次对设计进行理念上的理顺。

5.1 观察与思考

作为设计师,首先是要善于观察。观察其实是一种思考方式。在这里要特别强调,要回避不观察的盲目思考或不思考的盲目观察。对待事物的好奇心,应该是建立在观察与思考同时发生的条件之上。由于观察与思考是同时发生的,我们暂时用"察思"来形容。当设计师的"察思"达到了量的积累之后才会有"表述"。设计师会使用自己擅长的方式对"察思"进行"表述",服装设计师自然会使用面料完成对"察思"的表述。

5.2 从美术特长生说起

现今中国的艺术设计类高校招生选拔,基本是从美术特长生中进行招录,这种情况至少在20世纪80年代末就已经开始了。这种招生方式,部分符合设计学科的特点,但也过于强调了美术对设计的影响。不可否认,报考设计类专业的考生,在进入大学前所具备的美术能力,为后续设计学习提供了较好的造型基础,但美术思维的先入为主,使得学生在接触设计的时候,始终摆脱不了美术形象思维理念,这种形象思维为主导的理念与设计的逻辑性思维导向形象思维有本质的不同。导致这些形象思维为主导倾向的学生,更喜欢迷恋在自我的世界里,缺乏逻辑思维,忽略了各自设计领域中设计要点的协同关联。比如说,在服装设计环节中,着装者、面料、工艺、结构、廓型、色彩这些设计要素,必须联动协调,才能够凸显服装设计美感与意义,缺一不可。

如图 5-1(a)、(b) 所示,为2013届服饰与服装设计专业同学的参赛稿件,虽然也在设计稿件中对自己的灵感源进行了表述,但是这些对于服装设计来说还是过于单薄了,服装设计中的设计要素绝不仅仅只有廓型和结构,还要有色彩、工艺、穿着者、舒适度等,且相互联动,互为催化。正是设计要素协同联动、相互共振作用,才会凸显服装设计的真正魅力。

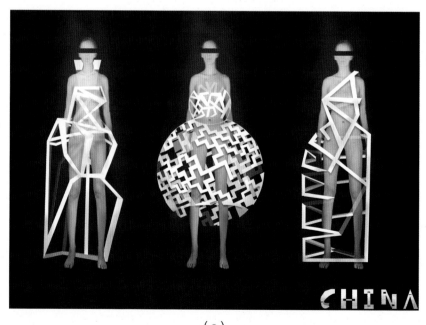

(a)

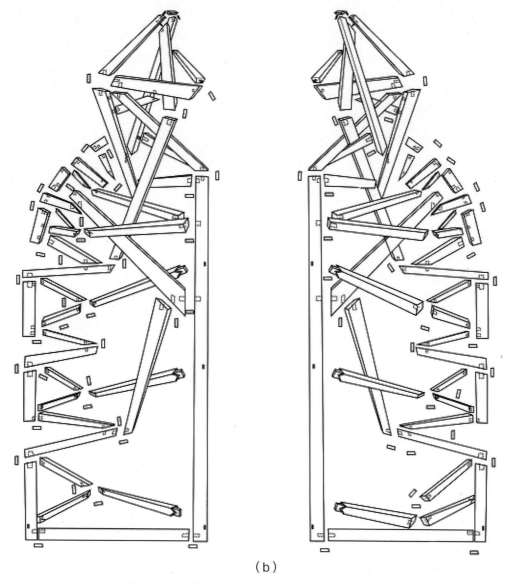

(b)

图5-1 服装与服饰设计专业同学的参赛设计稿件

5.3 设计的目的

作为设计师，你的工作目的和工作重心是什么？设计师首先是要唤醒别人，而不是被人唤醒。设计作品就是唤醒别人的工具。换句话来讲，就是能够吸引人的眼球，你的设计也只有被别人关注，才能成为市场的焦点。被市场接受就意味着该设计被日常生活所接受。那么，什么样的设计作品才能唤醒别人，而且能够还原到日常生活中去？它具有什么标准呢？

5.3.1 新形态的价值

服装在现实生活中除了保暖、装饰等基本功能外，更重要的是心理感受，一种属于着装者的愉悦和满足感；不仅在于其使用价值，更在于其带给人新感觉、传递一种新情感、一种新精神、一种全新的生活方式和理念。

5.3.2 唤醒人们的感觉

用感觉麻木来形容今天的人们确实事出有因。原因一，当下物质异常丰富，国家自改革开放以来，经济持续三十年的高速发展，物质极其丰富；原因二，人口过剩，人口数量过剩导致一些社会资源、自然资源的配置所造成的社会问题；原因三，信息爆炸，互联网的终端产品使得人们欲罢不能,信息量前所未有;原因四,价值观单一,人们一味以功利来衡量一切,情感与精神已经成为奢侈品。在这种环境下,人们视而不见、充耳不闻,互联网所带来的信息传播,令人目不暇接、头昏目眩,浩瀚的服饰品铺天盖地,服饰商品大面积被淹没。设计师面临严峻地挑战,如何跳出来,卓尔不群?

5.3.3 设计是一种投资行为

目前,我们在做的工作(设计)是一种投资行为,学生消耗时间、金钱(学费)来完成设计工作(课程作业)。同学们毕业走出校门,公司请你做设计付你薪水,其本身也是一种投资行为。公司期待你的设计可以在浩瀚的商品中跳出来,卓尔不群,才能收回投资进而实现盈利,否则,设计作为一种投资行为,其投入与产出成为反比,谁还会再请我们做设计,我们学设计的意义又是什么呢?

5.3.4 行业需要创造性的睿智

服饰商品中的设计元素被摄取、被复制、被繁殖,已经严重过剩,以至于泛滥,缺乏创意的商品被淹没,导致许多设计的投入与产出不成比例。服装行业需要的设计是一种创造性行为,创造需要积极能动地应对;需要在现实事物中不断发展和延展视觉思维、视觉意象、有意味的形式。这种能力的训练和培养,应该是本课程的主线,使得原本平常的事物经过设计师的独具慧眼和设计手法变得非正常化。

5.3.5 陌生化

再次提到了陌生化,因为他是一个极为重要的难点和重点。陌生化,不仅要灵感对象陌生化,也要使得设计后的服装陌生化。世界上伟大的科学家都在平凡的事物中发现不平凡。正是这种"不平凡"才是优秀设计作品的基本要素。如图5-2所示,以松果为灵感的设计作品,成衣作业经历了一个陌生化的过程。

图5-2 服装与服饰专业2015届陈丹凤同学的成衣作品

5.3.6 视觉规律

我们在表述服装的时候,容易出现"用力过猛"的现象。这种"用力过猛"所产生的张力会四处溅出,所造成的是一味地制造"噪声"。制造这种张力的"噪声"容易,然而让其感觉一种"美"而不是"烦"则不容易。服装视觉规律及其研究,众多设计元素在服饰上的视觉、形式、层次,从视觉元素的关系上保持一种普遍协调状态。使其不仅具有强冲击力,还要具有美感;不仅印象深刻,甚至令人难忘,同时,具有审美享受。

如图5-3所示,服装与服饰设计专业2015届同学陈丹凤同学,在人台上对自己的服装创作并没有太大信心。然而当她看到人物着装后兴奋异常,成就感满满。陈丹凤的课程作业使人在服装视觉产生亦此亦彼、似是而非、似非而是、似与不似之感,并发生疑问——"这是什么"?激起大脑迅速的反应,疑虑、搜索、分析与探寻究竟。这是一种互动,这种互动在信息过剩的当下社会中出现,很重要也很珍贵,会使人有感觉,不再麻木。

图5-3 2015届陈丹凤同学的成衣作品(人物着装)

5.4 旅程的开始——察思

在本章课的开始,曾经提到作为设计师,首先是要善于观察,观察其实是一种思考方式,而且观察与思考是同步发生的,所以,我们把这一阶段叫作察思。在本课程最前期的工作阶段,就是对平常物的察思,我们把时间控制在一周内。要求每位同学提供平常物的图片以及自己对该物的理解及见识(关键词、风格特征、如何好)。

5.4.1 培养兴趣

上学期课题设置一,将"咀嚼"图片改为"察思",为了尽早激发学生对平常物的兴趣,摆脱当下的"麻木"状态。再加上设计课程体系中,任课教师的课题设置之间无意重复叠加,造成学生好似在一个圈圈里打转,造成兴趣不断流失。培养学生对平常物产生兴趣,是课程初期的主要动机。

5.4.2 厘清课程步骤和目标

每个同学对"面料塑型"或多或少会有憧憬。当他们的憧憬与课程现实发生抵触的时候,也许他们的兴起与激情就会流失。授课初期厘清该课程的步骤和目标是必要的。我们把课题设置一"察思",作为课程的开端。其作用:一是察思平常物,需找自己感兴趣的平常物并对其进行察思;二是对其进行察思并进行文字记录;三是建立文本图片作为课程初始资料,为课程进展提供方向和依据;四是为下一个课题——"平常物的面料表述"奠定基础。如图 5-4 所示,服装与服饰设计专业 2015 届鲁月梅同学较好完成了课程设置一的工作。图 5-4 中的鱼,如同一头斗牛,具有跃跃欲试的冲击力和张力。那么这种风格特征如何通过服饰进行表述呢?与课题设置一衔接的就是面料的表述(课题设置二)。以此类推,通过六个课题设置就能完成服饰成品的落地。

服饰 151　鲁月梅　20155455104

主题图片:暹罗斗鱼

风格特征:有攻击性　视觉冲击　点线面结合

好:色彩鲜艳　有感染力　造型华丽

关键词:线性　鱼鳞　褶皱　韧性

图 5-4　2015 届鲁月梅同学的察思(文本资料)

5.5 在路上——面料的表述

面料的表述，是对课题设置一"察思"的衔接，在这个阶段，我们将使用八个课时的时间完成面料的表述。面料所使用的是"主料"，对于"主料"的解释已经在前面提起。在这一环节的设计制作过程中，有的同学提出异议。为什么不能使用两种或三种面料来制作？为什么不能使用面料与面料的碰撞来激发视觉效果？为什么课程中没有对各种各样的面料进行详细分析和讲解？对于课程本身，非常欢迎同学的异议，没有异议就没有论辩，也就没有了进步。在此，有必要给大家做一个解释："主料"的表述有点近似于色彩设计过程中的"限色"训练，就是限制学生在创作过程中的色彩发挥（图5-5）。

图 5-5　2008届陈琼同学的课程作业（色彩设计）

图5-5为笔者2008年授课时2008届陈琼同学的作业，该生给我印象深刻，刻苦、优秀、美貌、大方融为一身。当时，看到这张作业的时候确实眼前一亮，又一次想起了闻一多先生那句话："戴着镣铐的舞蹈。"当然，图5-5是陈琼同学10年前色彩训练时的作品，今天的学生又是如何在被限制的情况下，用面料进行表述呢？

大家看到图5-6的时候，也许有些似曾相识的感觉，确实是鲁月梅同学课题二的阶段作业（面料的表述），为了达到表述的效果，该同学使用对面料直接裁剪的处理方法，然后对面料再次塑型而完成了面料表述。优点是形态风格很接近，做到了陌生化处理。缺点是对面料直接裁剪后呈现的"毛边"较难处理。

图 5-6　2015 届鲁月梅同学的面料表述（文本资料）

如图 5-7（a）所示是服装与服饰设计专业 2015 届张雅洁同学的面料表述（文本资料）。张雅洁同学第一次面料表述尝试其中不足之处，在于对面料的裁剪。只有通过裁剪所产生的结构，才能塑造你所想得到的形态，是追逐形态的驱动下进行的结构设计。所以说裁剪、结构、形态这三者，其实最后的表述应该是形态，作为纯粹二维的面料到立体形态的过程，必须要经过裁剪和结构。在课程中出镜率最高的语句：不裁剪，非结构，无结构，非形态。

如图 5-7（b）所示，为张雅洁同学的面料表述（文本资料 2），在第二批面料表述的过程中，开始使用了有效的裁剪，进而面料的结构发生了变化，形态也就自然形成。

如图 5-7（c）所示，为张雅洁同学的面料表述（文本资料 3），我们会发现张雅洁在面料表述的整个环节，至少完成六次面料表述的尝试；同时，对面料的选择也在调整。完成了阶段性最佳设计。作为阶段性成果显现，此处应该给她掌声，以示鼓励。

由于课时的限制必须在一周内，为了达到某种预想的形态，你必须要在裁剪、结构、工艺、面料之间进行调整，以达到或接近预期形态的效果。这种表现出来的形态效果是对察思图片陌生化的过程。

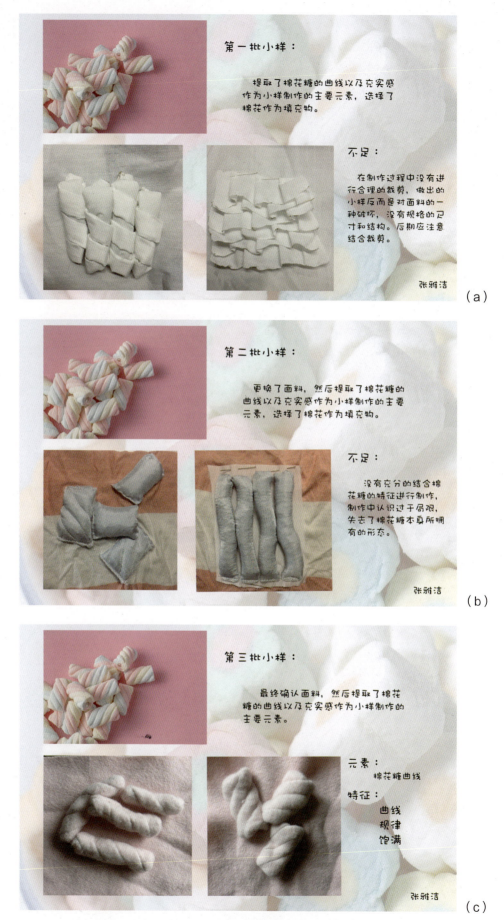

图 5-7　2015 届张雅洁同学的面料表述（文本资料）

如图5-8所示，为服装与服饰设计专业2015届金何惠同学的面料表述（文本资料），通过文本资料看出该同学的尝试与选择对形态的提升是明显的，基本达到设计师对形态的预想。

(a)

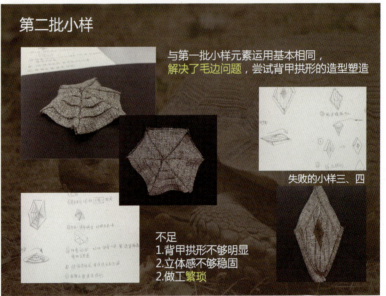

(b)

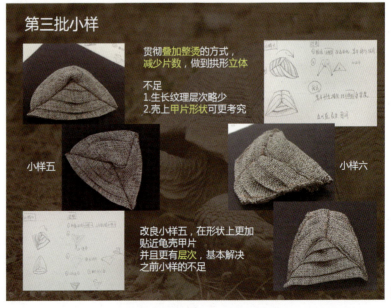

(c)

图5-8　2015届金何惠同学的面料表述（文本资料）

如图5-9所示，对一个动态图片的察思，其本身就有一定难度，因为动态较难把握其形态特征。就像这个海浪，2015届叶婷同学抓住了海浪的浪花，进行形态表述，过程中对面料也进行了调整。同时，给她推荐日本画家葛饰北斋的作品，以及上一届同学的类似面料表述作业（图5-10）。

叶婷同学的作业让我想起了上一轮服装与服饰设计专业2015届（专升本）吕娇娇同学的作业，其原初的灵感也是动态的。笔者推荐了这幅作品后，吕娇娇索性将察思图片改为图5-10中的浮世绘。或许叶婷在看完学姐的作业后，有信心把自己的作业完成得更好。

如图5-11所示为服装与服饰设计专业2015届曹聪同学的面料表述，该同学思路清晰，制作工艺也更耐看，形态显得有趣。

主题图片：海浪

小样一：形式感好，但是其中的元素用的太多，不集中化

小样二：结构不清晰，做的太杂乱无章，且元素没有用对

小样三：结构清晰，形态感强且比较简单，元素用的比较集中

图5-9　2015届叶婷同学的面料表述（文本资料）

姓名：吕娇娇　　学号：201555453129

面料塑性二期作业

神奈川冲浪里

关键词：线性　波浪　折叠

无效小样：

1. 理解要求错误
2. 做工粗糙
3. 没有抓住关键词、图案特点

有效小样：

优点：抓住特点，有立体感
缺点：形式单一

图5-10　2015届（专升本）吕娇娇同学的面料表述（文本资料）

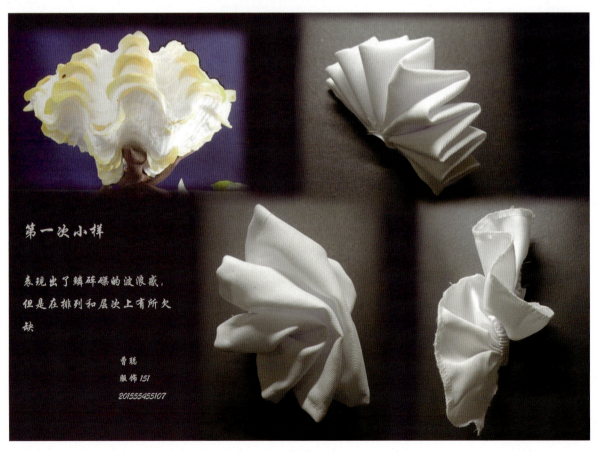

（a）

(b)

图 5-11　2015 届曹聪同学的面料表述（文本资料）

5.6　在路上——品类的表述

品类的表述是基于课题设置二——面料的表述基础之上的。开始在服装品类上的拓展尝试，作为服装设计师的察思最终目的，是要在服装中进行落地，如何落地，怎样落地，是面料塑型课程最终要解决的设计问题。服装的构成元素除了面料，还有诸多的品类元素——领子、口袋、袖克夫等。这个课程设置的目的就是让学生在服装品类上初步实施察思图片的表述，为后面的服装整体设计落实，提供一些积累和技巧。

如图 5-12 所示，是服装与服饰设计专业 2015 届曹聪同学的作业，课题设置三——品类表述。该同学选择的品类是衣领，察思图片的风格倾向在服装衣领上得到了显现。

曹聪同学品类表述的尝试是有效设计，做到了耐看、有趣、轻松和简单。希望能够再接再厉，保持这一状态，继续前行。

(a)

(b)

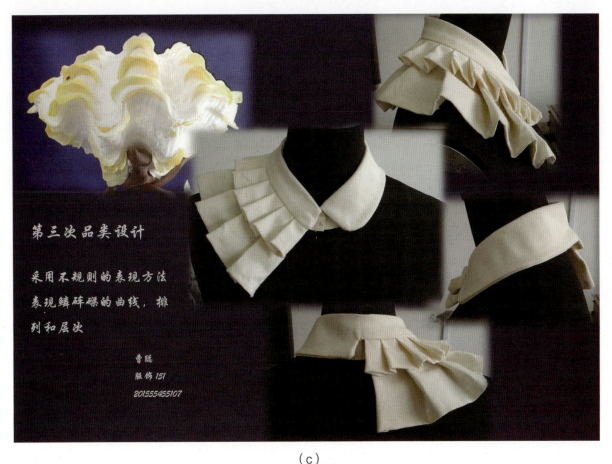

(c)

图 5-12　2015 届曹聪同学的品类表述（文本资料）

5.6.1　面料表述与评判标准

说起课题二——面料表述的评判标准，首先，要看面料表述的形态是否与察思图片相似；其次，就是看面料表述是否有裁剪、结构、工艺；再次，是否合理精致；最后，就是面料表述在风格上是否与察思图片保持一致。

总结起来就是：

（1）面料表述与察思图片在形态上具有一定的相似性（似与不似之间）。

（2）面料表述是否有裁剪、结构，工艺是否精细（回避破坏面料）。

（3）面料表述的作品和察思图片在风格上是否保持一致（异质同构）。

5.6.2　品类表述与评判标准

课题设置三——品类表述的评判标准：

（1）品类表述与察思图片在形态上具有一定相似性（似与不似之间）。

（2）品类表述必须符合服装品类的基型。裁剪、结构、工艺，不可或缺（基型）。

（3）面料表述的作品和察思图片在风格上是否保持一致（异质同构）。

（4）符合服装视觉规律——耐看（精致细腻）、有趣（视觉亮点）、轻松（美感享受）、简单（普遍协调）。

5.6.3 文本排版为设计而生

在提交文本资料的时候，笔者发现每个同学的文本排版各有特色。其实在文本提交的时候，课程已经要求对品类的正、背、侧面进行拍摄记录。然而有的同学在此基础上对自己的设计重点，进行多角度拍摄，比如鲁月梅同学。而吕路萌同学将拍摄角度仅仅局限在正面，有些遗憾（图5-13所示）。

在人人都是设计师的社会环境下，作为一名学习设计的学生，要考量你所制作的、给人看的、视觉性的、呈现出的，内容和形式是什么样子的。"设计让生活更美好"不是一句空话，从自身做起，首先要让自己看上去很美好。这是每个设计人的社会责任。

一个文本排版，不仅仅是对你实物作业的记录，也是你对该作品所注入情感的传达和表述，更是你对专业设计理解和领悟的显现。

如图5-14所示，图5-14（a）、图5-14（b）、图5-14（c），分别是服装与服饰专业2015届卞仪涵、李文新、廖文轩三位同学的课程阶段作业。

图5-13　2015届吕路萌同学的品类表述（文本资料）

品类三（衣领）

（a）

麦穗品类

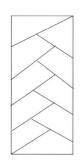

根据小样4对麦穗进行分割设计的元素，款式图如右图，将它运用到袖克夫上面，然后将其按顺序排列。

成功将制作小样的经验运用在领型制作上，表现出了树枝的特点，但领子造型过于规整。

（b）　　　　　　　　　　　　　　（c）

图5-14　服装与服饰设计2015届同学的品类表述（文本资料）

(a)

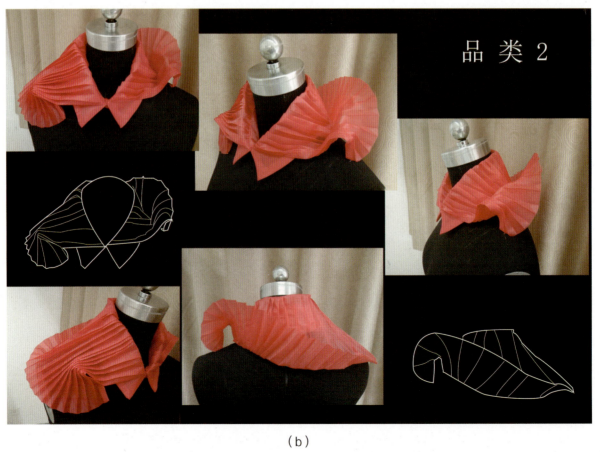

(b)

（c）

图 5-15　服装与服饰设计专业 2015 届鲁月梅同学的品类表述（文本资料）

5.6.4　有关品类的小结

在经过几轮课程过程与学生的对接中，面料表述阶段中总会有一些容易出现的问题：

（1）不思考裁剪、结构、工艺。试图通过快速对面料堆积、扭曲、叠加等非裁剪手段解决问题（心态浮躁）。

（2）喜欢对面料进行破坏，谋求突破（简单粗暴）。

（3）对面料的毛边处理缺乏常识（工艺欠缺）。

（4）缺乏从面料到形态表述的整体思路和考量，运用什么裁剪、结构、工艺去塑造什么样的形态（如何落地细节考量）。

（5）缺乏时间观念，对工作的整体进度缺乏合理安排（拖延成性）。

如图 5-15 所示为服装与服饰设计专业 2015 届鲁月梅同学的品类表述。通过尝试三个不同造型的衣领对察思图片的表述。鲁月梅同学在对实物拍摄中，围绕设计点多角度进行拍摄记录，这种记录方法与文本排版应该得到肯定。

5.7 在路上——设计调研

关键词语：无调研不设计

设计调研工作，安排在课程的中间环节，是想让该课题设置起到一个承上启下的作用。以提示同学们下一步的工作，开始要完成具体服装的落实。最后成衣落地，涉及服装廓型、色彩、结构线、服饰品以及着装者诸环节的落实，缺一不可。

没有调研好比闭门造车或是盲人摸象，所设计出来的作品也就可想而知了。本课程的调研内容和方式：

（1）以察思图片形态作为调研内容的基准。

（2）调研内容分为非服饰图片与服饰图片。

（3）非服饰图片调研重点是形态上的陌生化和风格上的拿捏。

（4）服饰图片调研重点则是服饰品在廓型、色彩、分割线、工艺上的细节处理和视觉规律。

（5）调研对象尽可能围绕国际顶级设计师或时尚品牌的具体设计产品。

（6）对调研内容进行采摘和记录完成文本资料（包括文字感受和总结）。

如图 5-16 所示为 2015 届卞仪涵同学的察思图片、廓型调研文本。以察思图片为起点，经历了面料表述，完成服装品类表述。现在要回过头来，依照察思图片的风格去进行服饰品的调研。这次课程调研与上次课程调研有较大不同，上次的调研是在完成察思图片后展开，目的是寻找关于察思图片的使用痕迹。调研对象集中在一线设计师或时尚品牌的非服饰图片，去洞察高端设计师如何去把控和拿捏察思图片中器物的风格、形态、调性等设计手段。

(a)

(b)

图 5-16　2015 届卞仪涵同学的察思图片及其廓型调研（文本资料）

如图 5-17 所示为 2015 届鲁月梅、陈丹凤同学的调研文本。从整个文本提交的结果来看，质量整体不高。作为一个承上启下的课程设置，设计调研质量的好坏，对最终服装落地的影响，暂时无法进行评估。在下一轮的授课中将会进行详细的关注和强调。用"在路上"这三个字来形容课程状态较为合适。

小结与思考

考虑到调研在设计过程中的重要性，作为初级入门的设计类学生应该进行强化。调研在设计中的方向和种类很多，如何使学生进行有效精准的调研，是笔者应该思考的内容。

调研

(a)

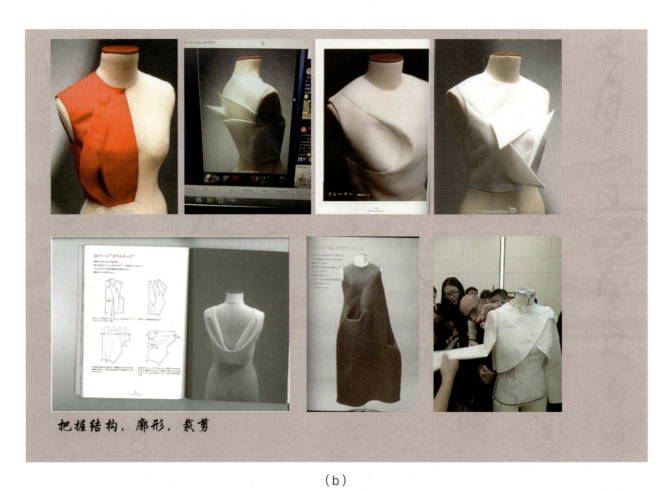

把握结构,廓形,裁剪

(b)

图 5-17　2015 届鲁月梅、陈丹凤同学的察思图片及其廓型调研(文本资料)

5.8 在路上——服装视觉规律表述

关键词语：服装视觉规律

服装视觉规律的表述，是面料塑型课程中最为重要的一个课题设置。由于课程时间的限制，我们利用服装的对称性，完成服装半件设计，每个同学有五次机会进行尝试，来确定选择一件服装，进行最后成衣制作。

很多同学，或许忽略了调研，有些冒进，当面对人台的时候只能目光呆滞或者是毫无方向和想法地拼凑。这种现象，很明显就是缺乏前期的调研，相反，有了前期调研的同学在后续的工作中显得从容、自如，知道最后成衣效果应该是什么样子的。

5.8.1 案例分析

案例1——张雅洁同学服装视觉规律表述文本

如图5-18所示，图5-18（a）、图5-18（b）、图5-18（c）、图5-18（d）、图5-18（e）依次为服装与服饰设计2015届张雅洁同学五次服装视觉规律表述的尝试。对接后，我们均对第三件较为满意。最后，决定在第三件的基础上进行完善，完成最终成衣地制作。

课堂进行中，总会看到张雅洁准时出勤，待人随和，很专注地完成课程设置的每项课题训练，工作完成速度较快，且质量高。她好似理解课程中各个环节的目的和作用，给人感觉完成各项环节的工作轻松、自如，也很从容。与笔者对接的时候言简意赅，事半功倍。

（a）

图5-18

第二件半件：采用棉花糖的曲线作为设计元素。在袖子部分进行了棉花糖的想法设计，衣身部分也为曲线。整体风格甜美清新。

不足：
衣身依然太过于平面，廓型仍然不明显。袖子可再强化一些。

张雅洁

（b）

第三件半件：采用棉花糖的曲线作为设计元素。在袖子部分进行了棉花糖的想法设计，衣身部分也为曲线，整体为宽松的风格。廓型也是宽宽大大。

张雅洁

（c）

(d)

(e)

图 5-18 2015 届张雅洁同学的服装视觉规律表述的尝试（文本资料）

排版上的调整

以下文本图片为张雅洁同学本课题最后一个阶段——成衣。本来这一部分的作业图片，应该在下一章节中出现。为了方便本教材在阅读过程中的流畅性及文本图片案例之间的合理衔接。将成衣的文本图片提前到了这一章节。

如图5-19所示，2015届张雅洁同学成衣的文本图片。

（a）人台着装

（b）模特着装

图 5-19　2015 届张雅洁同学成衣文本作业

案例2——李欣慧同学服装视觉规律表述文本

将一个非常平常的可爱之物作为自己的察思对象，课程作业中非常常见。李欣慧是一名非常温和、低调的同学，但是每次提交作业和对接的时候都会给观看者带来惊喜。她总是微笑着，给我们带来属于她自己的理解和感悟以及表述形式。

如图 5-20（a）、图 5-20（b）、图 5-20（c）、图 5-20（d）、图 5-20（e）所示，依次为服装与服饰设计2015届李欣慧同学五次服装视觉规律表述的尝试。在五次尝试中，李欣慧同学表现出了察思图片中物品的可爱、洁净、天然、精致等特性，确实不容易，借助这个机会再次鼓励下。

第一件半件：

第一件的制作采用直身前短后长的款式，袖子运用蘑菇的元素，整体效果不够好，没有在廓型上进行设计。

姓名：李欣慧
学号：201555455109
班级：服饰151

（a）

第二件半件：

第二件的制作采用不对称的结构廓型，简洁明了，生动有趣。前短后长的款式增加变化性，但在制作过程中左边的曲线折叠没有交代清楚。

（b）

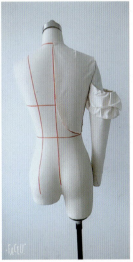

第三件半件：

第三件的制作以简洁的曲线为主，分割线连接肩部的袖子。整体效果还行，但袖子上的设计有些多余，下次要进行改进。

（c）

图 5-20

第四件半件：

第四件的制作前片的设计有效，但袖子的设计与衣身不符，还需要继续改进。

 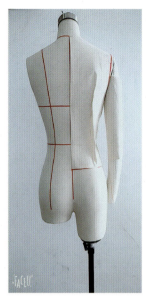 

（d）

第五件半件：

第五件的制作利用了分割的曲线设计，披肩式设计比较特别，但整体效果并不好，还需继续改进。

 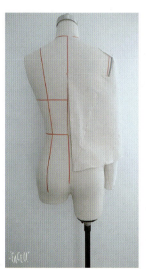 

（e）

图 5-20　2015 届李欣慧同学成衣文本作业

如图5-21所示,对于最后表述形式——成衣,显现出来的效果,我们认为,李慧欣在成衣面料的选择上不太合适,图片中成衣面料应该选择偏硬挺的浅色面料。面料的选择,可以直接决定成衣效果的好与坏,它在服装中的作用非常重要。

成衣

服饰151
李欣慧
201555455109

图5-21　李欣慧同学的课题设置5——成衣(模特着装)

案例3——鲁月梅同学服装视觉规律表述文本

如图5-22所示,当看到这条暹罗(泰国的旧称)斗鱼,自然会联想到鲁月梅同学。图5-22(a)、图5-22(b)、图5-22(c)、图5-22(d)、图5-22(e)依次为服装与服饰设计2015届鲁月梅同学五次服装视觉规律表述的尝试。

或许是这条暹罗斗鱼过于有张力,笔者对鲁月梅工作进展较为关注,该生的视觉感觉很好,工作态度认真,加之勤奋,对作业质量要求很高。特别是面料表述与品类表述中,对"褶"使用的量很大,该生投入的工作量也可想而知。如图5-23所示,鲁月梅同学制作的成衣瑕疵在于,服装视觉规律环节中"褶"的作用和效果,并没有充分体现。

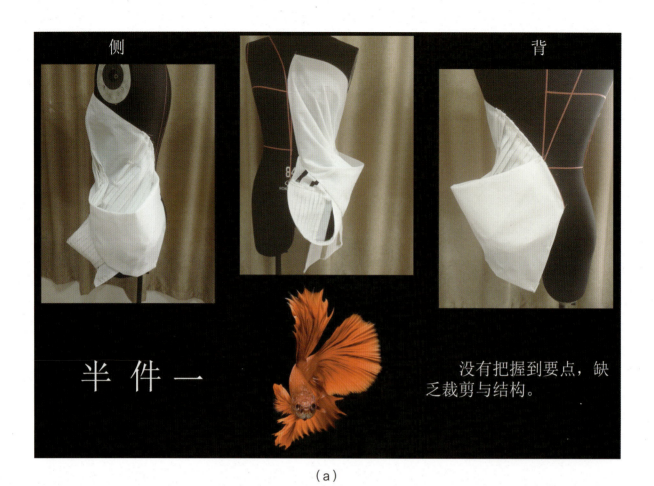

(a)

(b)

(c)

(d)

图 5-22

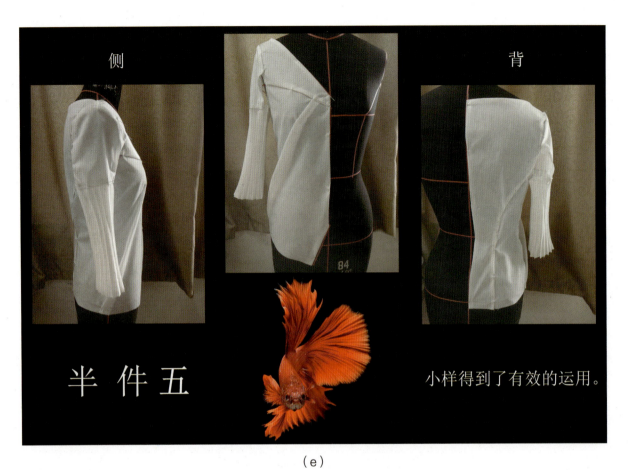

(e)

图 5-22 鲁月梅同学服装视觉规律表述

(a)

(b)模特着装

图5-23 鲁月梅同学的课题设置5——成衣

案例4——李新宇同学服装视觉规律表述文本

如图5-24所示,察思图片是麦穗,麦穗是丰收的象征,应该是朴实、饱满、喜悦、富足的风格调性。服装与服饰设计2015届李新宇同学使用的线条有序交错,对察思图片完成了陌生化处理,并将这种线条的交错,运用在服装结构之中,很好地遵循了服装视觉规律。如果将这种直线用麦粒的弧线来替代服装视觉规律又会如何呢?

如图5-24(a)、图5-24(b)、图5-24(c)、图5-24(d)、图5-24(e)所示,依次为李新宇同学五次服装视觉规律表述的尝试。如图5-25所示,李新宇同学最终成衣表述是有效的,特别是服装廓型、结构线的处理与设计,遵循了服装规律,成为亮点。

半件一

此半件是将麦穗的元素运用到门襟，整件衣服为H廓型，袖子采用不规则设计，突出麦穗特点，但整件衣服只有门襟有明显的麦穗元素，其他过于简单，使整件衣服显得过于拘谨。

(a)

半件二

此半件运用分割的手法进行设计，分别在领口、下摆和后背进行分割，衣服简洁并体现了麦穗的风格特征，但是没有很好地对省道进行处理，影响整个设计的美观。

(b)

半件三

此半件在第二个的基础上依然用分割拼接的方法，但对造型重新进行了设计，前后共分成九片，但衣服过于简单，显得不够完整。

(c)

半件四

此半件在第三个的基础上面加了一个袖子，并在肩部进行了创新设计，但肩部设计过于简单，不够精致，使得整件衣服细节不突出。

(d)

图 5-24

半件五

此半件在第四个的基础上对于肩部进行分割创新，更好地体现麦穗的精髓，并在左边加袖子，使整件衣服更加完整。

（e）

图 5-24　李新宇同学的课题设置 4——服装视觉规律表述

图 5-25　李新宇同学的课题设置 5——成衣（模特着装）

案例 5——曹聪同学服装视觉规律表述文本

正如图 5-26 所示,曹聪同学的设计感觉极好,在第四次设计尝试后,我们一致认为已经完成这一阶段的工作了,正如图 5-26(c)所示,该设计已经很成熟了。印象中曹聪同学说话很少,每次看到她的作品时,笔者总会想起叔本华的一句话——当所有的思绪被嵌入在词汇时,这些思绪就死掉了。成衣如图 5-27 所示。

细心的同学会发现与以往案例的不同,曹聪同学视觉规律的尝试仅有四张图片,也就是说该生仅完成了四次表述尝试,就进入到下一个环节了。

半件一

线条过于柔软,没有突出砗磲的硬度,整体风格偏向可爱,与砗磲的风格属性差异过大。

曹聪
服饰151
201555455107

(a)

图 5-26

(b)

半件二

表现出了砗磲的硬度与造型感，但没有从整体廓型入手，没有与服装剪裁相融合，造型过于简单。

曹聪
服饰151
201555455107

(c)

半件三

表现出了砗磲的硬度与造型感，从整体廓型出发，将波浪造型与分割线结合，袖子上也做出了砗磲的趣味感。

曹聪
服饰151
201555455107

(d)

图 5-26 曹聪同学的课题设置 4——服装视觉规律表述

(a) 人台着装

图 5-27

(b)模特着装

图 5-27　曹聪同学的课题设置 5——成衣

案例6——吕路萌同学服装视觉规律表述文本

如图5-28所示为服装与服饰设计2015届吕路萌同学的服装视觉规律文本资料。该同学共计提交六张图片作业。设计师在完成五次服装视觉规律表述尝试后,经过课程对接,对第五款调整后,最后确定了一件落地的款式。以蝉作为察思图片,在几轮课程中出现的频率很高,但是该同学的服装视觉规律表述应该是最为有效的,确实在进步!

如果在吕路萌的设计上找瑕疵的话,面料的使用值得商榷。前期使用的面料反而要比成衣时使用的面料效果来得好。其中,关键点在察思图片上的蝉衣。蝉衣的风格透明、裂纹、硬挺、轻盈,这些风格特征在成衣所用的面料上没有充分体现。

如图5-28(a)、图5-28(b)、图5-28(c)、图5-28(d)、图5-28(e)、图5-28(f)所示,依次是吕路萌同学视觉规律作业,共计六次的创作尝试。

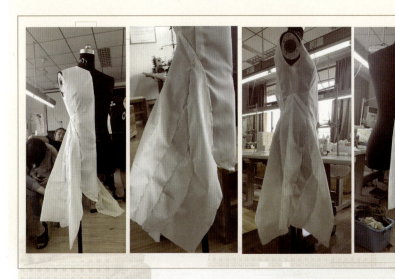

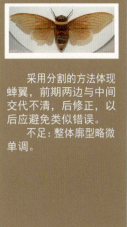

(a)

图5-28

半件二

灵感来源于蝉翼。上下分别采用分割、折叠的方法表现蝉翼上的纹路。
不足：袖子与整体不搭。

(b)

半件三

采用三角插的折纸方法进行叠加做肩部。灵感来源于蝉的壳。

上下装分别采用分割折叠的方法。

(c)

半件四

因前两件表现整体为硬,所以这次往软的方向发展,着重表现蝉翼"禅"的感觉。后面用分割体现蝉翼纹路,前面向"禅"靠拢。

(d)

半件五

灵感来源于蝉翼,上面分割,下面折叠。

(e)

图 5-28 吕路萌同学的课题设置 4——服装视觉规律表述

如图5-29所示,为吕路萌同学课题设置5——成衣。其中,图5-29(a)、5-29(b)、5-29(c)依次为人台着装与模特着装展示。

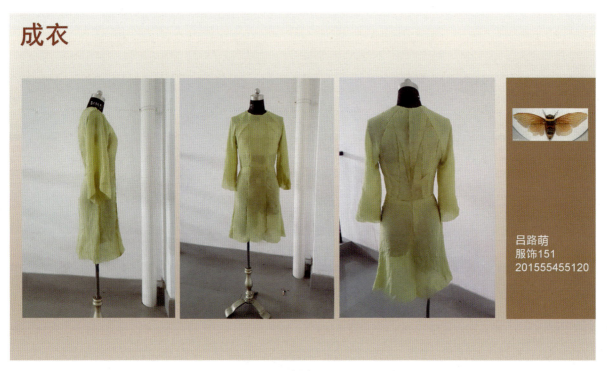

(a)

(b)

(c)

图 5-29　吕路萌同学的课题设置 5——成衣

案例 7——叶婷同学服装视觉规律表述以及成衣文本

如图 5-30 所示，为 2015 届叶婷同学服装视觉规律尝试作业展示。图 5-31 为叶婷同学的成衣作品。

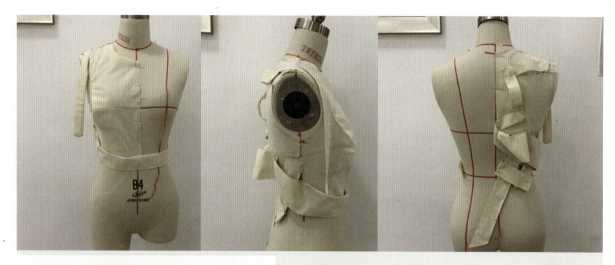

半成衣一：参考图没有找对，且整件衣服廓型也不是特别抢眼，主要没有运用好胸前鼓起的元素，带子的添加反而让这件衣服变得复杂，整体效果不太好，衣服的形态也不好。

（a）

半成衣二：首先找到一张自己比较感兴趣的服饰，并且这张参考服饰与海浪存在着某些联系，这件衣服做的时候还是存在着很多问题，但是还有整件衣服的廓型和线条都很清晰，并且带有一些现代元素。

（b）

图 5-30　叶婷同学的课题设置 4——服装视觉规律表述

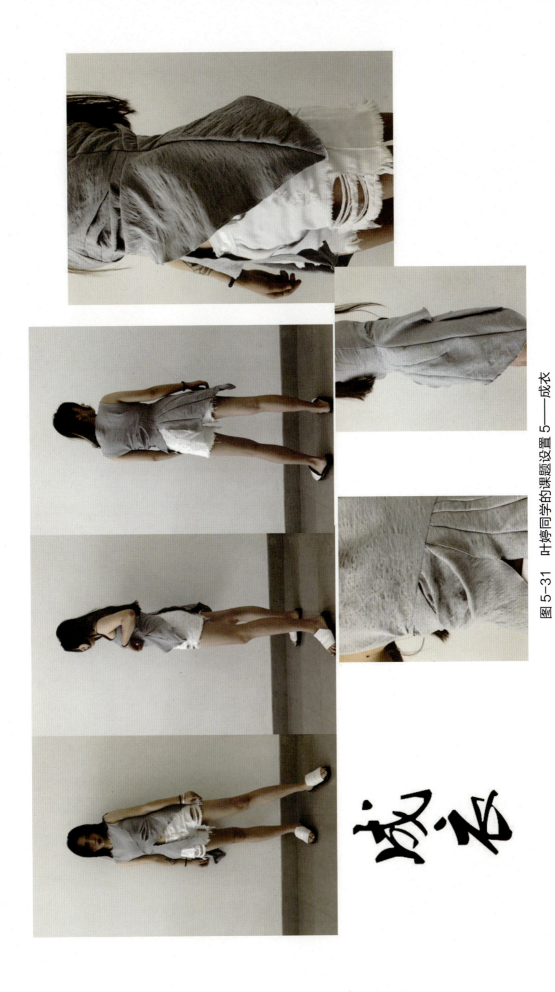

图 5-31 叶婷同学的课题设置 5——成衣

案例8——胡晓琼同学服装视觉规律表述以及成衣文本。

如图5-32所示,为2015届胡晓琼同学的服装视觉规律尝试。图5-33是成衣作品。

半件一

第一个半件是将柏树叶的元素运用在领子、肩膀、前中线和后中线处,领子与前片、后片处有镂空,设计新颖;袖子运用叠加的方式,留出褶皱。但缺少主题元素,廓型过于简单。

(a)

半件二、三

第二个半件与第三个半件采用左右不规则对称,即右侧胸前用手捏的方法形成柏树叶的外形,左侧则是平整的。

(b)

图5-32 胡晓琼同学的课题设置4——服装视觉规律表述

图 5-33 胡晓琼同学的课题设置 5——成衣

案例9——卞仪涵同学服装视觉规律表述以及成衣文本

如图5-34（a）、图5-34（b）、图5-34（c）所示，依次是服装与服饰设计2015届同学卞仪涵服装视觉规律表述。成衣如图5-35所示。

以残荷连续的圆形造型为基调
连接处大量采用弧线形态
白坯布本身过于绵软
在其背面黏合衬使其挺括
整体造型以相对立体的形式出现
但袖子过大 衣长过短
造成造成服装整体不平衡

半件一

（a）

在半件一的基础上
对其进行延伸设计
添加一个打褶起翘的下摆
但整体不够紧凑
有些松散 视觉效果不够好

半件二

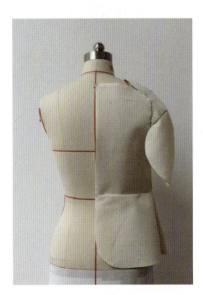

（b）

半件三

继续半件一的理念
但上身做得更贴体一些
下摆挺括、大
整体更加紧凑、前卫

（c）

图 5-34 卞仪涵同学的课题设置 4——服装视觉规律表述

成衣（人台展示）

成衣整体较为完整
面料选择无误（中灰色薄呢料）
款式在原半件的基础上稍做变动
前片制作较为到位
前、侧腰部造型完成较成功
后片拉链缝制成功

由于不了解面料特性
在制作时为了使面料更硬挺更容易塑型
添加了黏合衬
导致后期制作时面料不平整、鼓包
因为经验不足
没有意识到白坯布制作与后期成衣制作时
用来塑型、缝合的量的不一样
所以按照原版制作的样衣后片下摆造型并
不完美，稍有缺憾

（a）人台着装

图 5-35

成衣
(模特展示)

(b) 模特着装

图 5-35 卞仪涵同学的课题设置 5——成衣

案例 10——杨玉如同学服装视觉规律表述以及成衣文本

如图 5-36 所示,为服装与服饰设计专业 2015 届杨玉如同学的服装视觉规律表述图片,该同学以瓦当为灵感,作为中国文化传统的载体之一,如何对中国文化传统进行现代性表述,是当下的时代课题。杨玉如同学的案例具有示范性和典型性,值得关注(图 5-37)。

半件一

灵感图片

由于前期品类制作越来越厚重,表现形式复杂,因此这款半件的设计做了减法,简单的抹胸小礼服与瓦片的体积感相结合,简约而优雅。

(a)

半件二

这件设计的亮点是在胸前的结构线上做分割,表达清晰,而袖子则用十分简单的半袖自然地垂下,是极为简单有效的表现方式。

(b)

图 5-36

半件三

这件外套采用了比较大胆的分割方式，亮点部分在于肩部结构的表达，将肩线切分，从后背延伸至前面，在肩部形成瓦片状的装饰给人精巧的感觉，不足之处在于后背的表达不够清晰，而且整体运用块面表达的地方太多，重点不够突出。

（c）

半件四

这件作品表现重点在袖子上，既表现了主题的体积感，又表现出瓦片层叠的感觉，胸前则采取简单的分割用以表现结构，是最后成衣的表现方式。

（d）

图 5-36　杨玉如同学的课题设置 4——服装视觉规律表述

（a）人台着装

（b）模特着装

图 5-37　杨玉如同学的课题设置 5——成衣

案例 11——方圆同学服装视觉规律表述以及成衣文本

如图 5-38 所示，服装与服饰设计专业 2015 届方圆同学的服装视觉规律表述图片，该同学以水母为灵感，类似灵感多见女生。可见，方圆是一个极为细腻、敏感的人，服饰设计专业需要这样的男性。成衣如图 5-39 所示。

方圆同学调研对象很具体，将自己前期积累的灵感特征形态，与这些经典的廓型进行结合，使得该同学的设计效率很高，这种设计方法值得推广。

半件一

第一件半件从水母整体造型出发，但是过于简单，不够耐看

（a）

半件二

依旧从水母整体造型设计，但依旧没有摆脱原形衣框架

（b）

半件三

把水母的造型特点添加到袖形当中，整体采用了无省的设计

(c)

半件四

把日本僧侣服饰"作物衣"添加到水母元素设计中去，并稍微做了一些改变

(d)

图 5-38

半件五

最后一件的廓型是采用了日本传统和服"野良着",并在袖型上做出一些水母的设计

(e)

图 5-38 方圆同学的课题设置 4——服装视觉规律表述

成衣

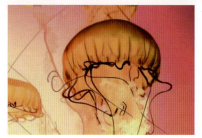

整体采用了日本传统和服"野良着"的廓型设计,在袖形处运用了水母的灵动造型

(a)

上身展示

图 5-39 方圆同学的课题设置 5——成衣

案例 12——欧阳希同学服装视觉规律表述以及成衣文本

如图 5-40 所示,为服装与服饰设计专业 2015 届欧阳希同学的服装视觉规律表述图片,该生的察思图片是一种食物——竹笋。竹笋的形态特征在面料表述中得以显现,然而在服装视觉规律表述中却遇到了不少的麻烦。整个工作过程,欧阳希表现出很勤奋,有很强的韧性。这种品质在以后的工作中,会很有用。

半件一 做第一件半件的时候是没有任何想法的,所以一直沉迷在前面小样和品类制作的思维中没有跳出来

(a)

半件二 做第二件半件的时候想法太过于立裁了并不符合冬笋的这个主题

(b)

半件三　做第三件半件是把袖子采用笋的外形来做廓型，但是腰部的那一部分并没有交代清楚

(c)

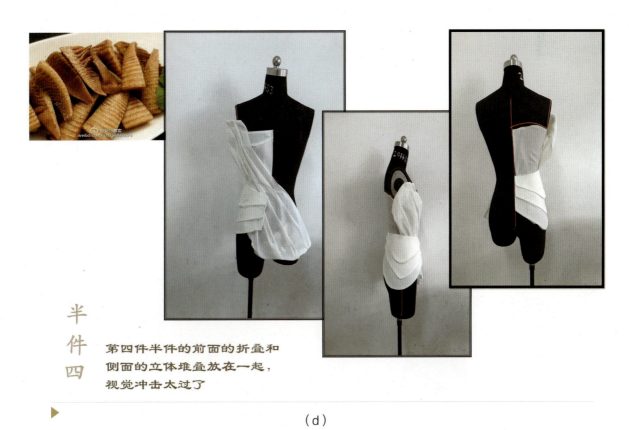

半件四　第四件半件的前面的折叠和侧面的立体堆叠放在一起，视觉冲击太过了

(d)

图 5-40　欧阳希同学的课题设置 4——服装视觉规律表述

半件五 前片采用的活动性堆叠 在白坯布上烫了黏合衬,所以比较硬挺。袖子的廓型用了笋外部的造型

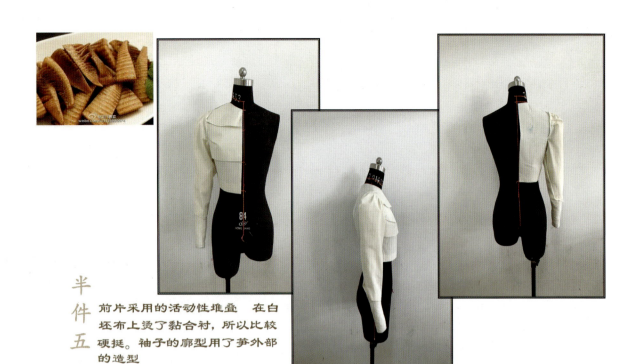

(a) 人台着装

成衣

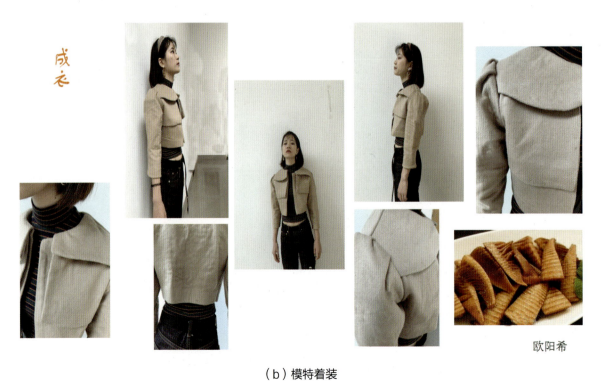

欧阳希

(b) 模特着装

图 5-41 欧阳希同学的课题设置 5——成衣

案例13——金何惠同学服装视觉规律表述以及成衣文本

如图5-42所示,为服装与服饰设计专业2015届金何惠同学的服装视觉规律表述图片,该生的察思图片是乌龟。龟壳的肌理效果,在前期面料表述中得以充分体现,在廓型设计中如何做到拙而不笨,是何惠同学要考虑的问题。成衣如图5-43所示。

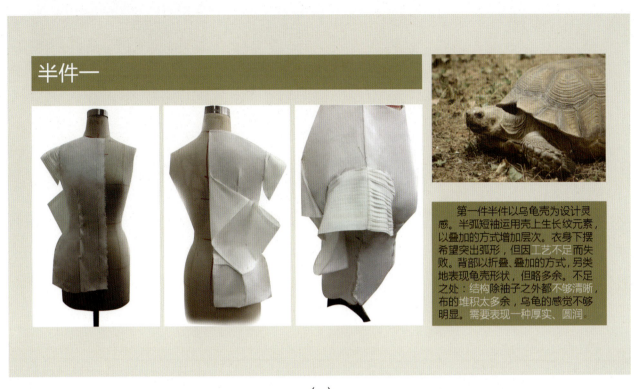

(a)

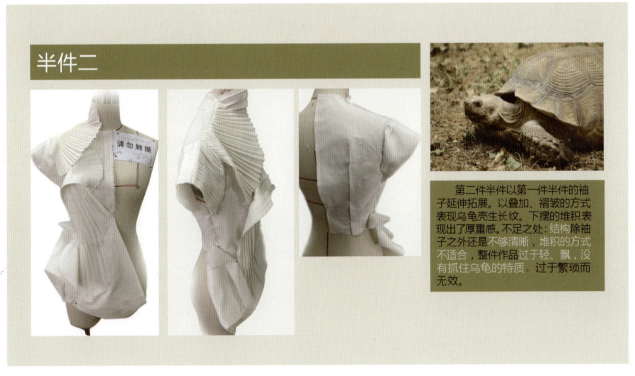

(b)

图5-42

半件三

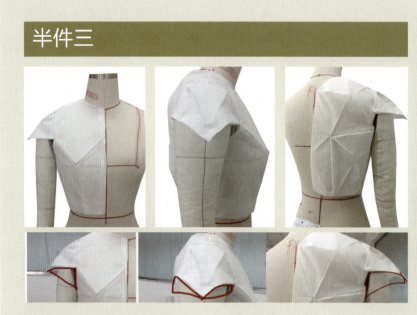

第三件半件完全推翻前两件的做法。以乌龟背甲拱形为灵感，通过熨烫、省道、裁剪，以简单、清晰的廓型来表现。较于前两件有结构。不足之处：面料过软，需要加黏合衬来加强硬度表现其坚硬感。前片设计略紧张，但有意识与后片呼应。袖子可以做得更饱满一些，呈现铠甲状。

（c）

半件四

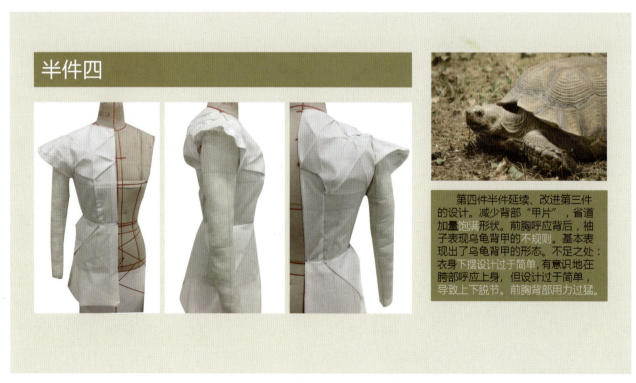

第四件半件延续、改进第三件的设计。减少背部"甲片"，省道加量饱满形状。前胸呼应背后，袖子表现乌龟背甲的不规则。基本表现出了乌龟背甲的形态。不足之处：衣身下摆设计过于简单，有意识地在胯部呼应上身，但设计过于简单，导致上下脱节。前胸背部用力过猛。

（d）

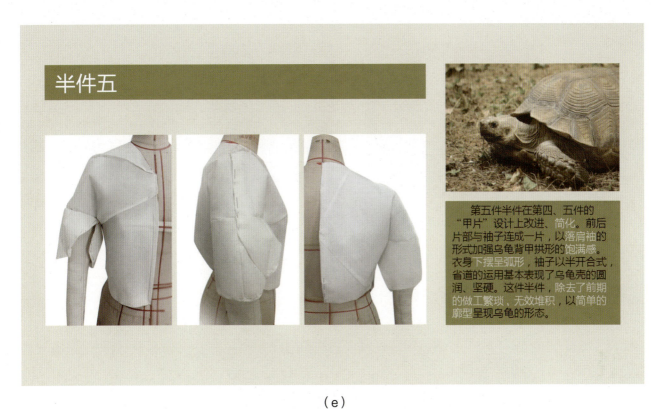

（e）

图5-42　金何惠同学的课题设置4——服装视觉规律表述

（a）人台着装

图5-43

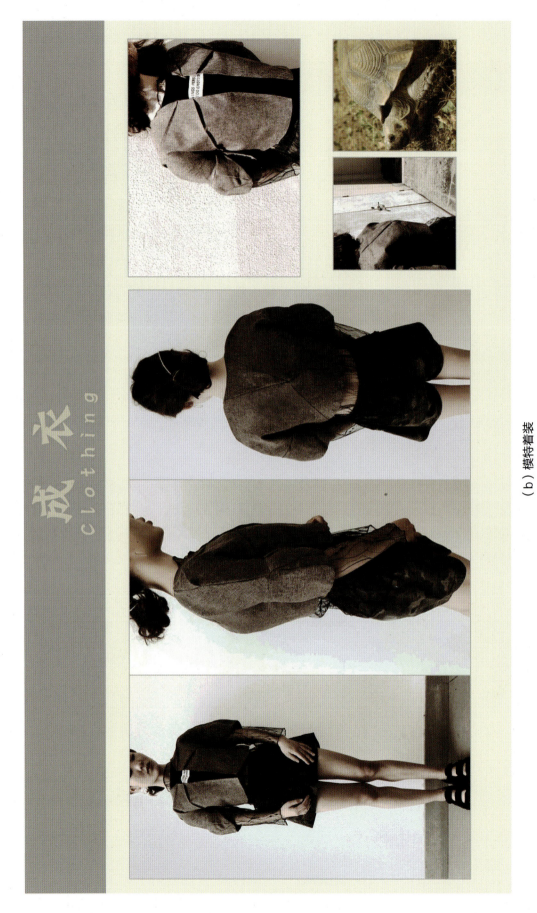

(b) 模特着装

图 5-43 金何惠同学的课题设置 5——成衣

在课题设置服装视觉规律的表述中，笔者共使用了13名同学的作业案例。被选中的同学作业，说明他们在用心来完成，尤其是他们坚持走完了整个设计旅程，为课程阶段性完善提供了较为坚实的支撑。

5.8.2 试图解开服装视觉规律的秘密

通过大量的案例分析，今天试图解开一直困扰我们的服装视觉规律：

规律一：服装是对人体的包装，人体本身就很美。

规律二：服装的最终目的是人，而不是服装本身。

规律三：服装设计的价值，在于所设计的服装能够在日常生活中得以体现。

规律四：耐看（精致细腻）、有趣（视觉亮点）、轻松（美感享受）、简单（普遍协调）是服装视觉规律的四个核心要素。

规律五：服装形态的处理应该像生物的生长一样自然、和谐。

规律六：风格在服装中的表述，其衔接与运用范围在于结构线、廓型、品类、工艺诸环节。

试图通过六个规律完成服装视觉规律的探索，解决服装视觉规律中问题的问题、标准的标准，未免有些自不量力、哗众取宠，然而认识与探索却一直在路上。

5.9 在路上——成衣

关键词语：成衣 落实

5.9.1 成衣

从察思到着陆，我们已经经历了察思→面料表述→设计调研→服装视觉规律表述→成衣，完成了面料塑型课程，为大家设置的设计过程，思维从开始起飞，到在空中翱翔，再到安全的着陆。我们增长了知识、有了收获，同时也有遗憾，然而今天暂时的着陆，是为了下次飞得更高。

在成衣的落实这一环节，针对面料的选择，大家已经没有了"主料"的限制，非"主料"的材质，也可以在这一环节中得以体现。就是说，在服装视觉规律范围内，你可以自由翱翔。

5.9.2 经历是一种收获

面料塑型课程的价值，首先在于设计旅程的经历，在这个历程中，同学们经历了从察思到客观落地的过程。服装设计的方法与制作方式很多，在这里不再赘述。本课程以察思图片为基调，通过主料进行表述，经过不断尝试与选择，最后完成成衣的落实。这是仅属于面料塑型课程的设计方法，或许为服装设计提供了一个可借鉴的方法。

5.9.3 成衣落地

有些同学在进行服装视觉规律表述时，脱离了成衣方向，当被要求进行调整时，就会不解。在此，笔者再次给大家统一下思想。面料塑型课程的最终价值在成衣上显现，也就是让你所设计的产品能够回归到日常生活中。

5.9.4 成衣落实后的思考

成衣落实的设置，应该分为两个环节。

第一个环节，成衣落地，我们通过 13 个案例看到在这个环节中，同学们在服装视觉规律中，选择一款进行成衣的制作，同学们清一色使用一种面料来完成，这种情况或许是前几章节的惯性思维所致（戴着镣铐的舞蹈），如果同学们不仅使用一种面料，而是使用 2~3 种面料，成衣效果或许会有所提升。

第二个环节，成衣表述，在前几轮成衣提交中，同学仅仅局限在通过人台完成成衣最后的提交和表述，而服装审美的特殊性，在于人穿着后的状态。更为重要的是，人穿着后及其所处的环境、氛围形成共振而产生的审美。我们暂时把这种环境和氛围称之为"周边生活"，就是与该服装风格相关联的器物组合成的环境氛围，会形成一种特有的风格——"场"，场内的人、服装形成共振，给人以强烈的风格冲击力，产生审美情感。

如图 5-44 所示，为服装与服饰设计专业 2013 届祝雪苹同学，在服装设计基础课程中"我的T恤，我做主"的课题设置中的作业案例。在与该同学对接后，作业提交反复了三次。图 5-44（c）是最后提交的形式，显然，这张照片的周边与服装及着装者在产生共鸣，从而提升了服装审美价值。当这种审美与商品结合，就会产生市场价值，设计与设计师的价值就会显现。我们所做的工作，才会变得有价值。

（a）

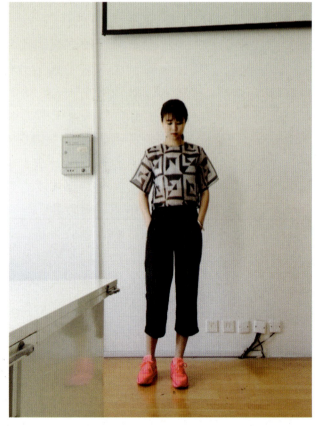

（b）

(c)

图 5-44 成衣呈现与周边环境

思考与练习

1. 服装周边是怎么回事？
2. 什么是服装视觉规律？
3. 为什么说表述无处不在？
4. 设计的目的是什么？
5. 课程作业的评判标准是什么？

后记

　　自课程更名为"面料塑型"后已经完成了两年积累，三年材料造型设计与两年的面料塑型，面对一个持续五年的课程，做一个总结和回顾。也希望通过本次撰写，给大家展示和分享几年来的教学思考和经历。五年给课程做一个总结，确实是授课教师一件分内的工作。最近在媒体上听说，某位互联网大咖说，以前最看不起商人，现在最看不起教师。理由是教师教案 N 年不换，根本无法与时俱进。这位大咖所提到的问题确实客观存在。只是这个话题涉及的背景与环境因素很多，在此没有必要展开来论述。然而，这种 N 年不换的教案，给当下的中国教育带来了什么，却要引起社会各界的关注与思考，教师为什么不去更换 N 年前的教案？

　　课程，是学校培养人才的主要抓手，笔者作为授课教师，对自己所授课程一直在思考和积累，寄希望于通过不断的积累，来提升培养学生的目标与质量，才不愧对这份工作。

　　本次撰写内容涉及的作业图片较多，在 2008—2017 年期间，积累了共计 200 余张学生作业，以课程作业图片为主，其中多集中在服装与服饰设计专业 2015 届同学的课程作业。也包括服装设计基础、色彩设计等课程图片作业。对作业图片的采摘，完全是围绕课程思路与案例为主线的信手拈来。有人说集大成者之伟大是站在巨人的肩膀上，本课程开设以来，同学们的所有努力其实是在塑造一个巨人，希望课程的后来者，也能参与这个巨人的塑造，参与者的艰辛与努力终究会有回报。

　　在此，诚挚感谢本课程开设以来的所有参与者，为你们的坚定前行感动，为你们在路上的收获喝彩，为你们在课程中的经历而欣慰。

2017 年 8 月

嘉兴秀洲